Dr.Jayasudha F V
Dr.Rexiline Sheeba I
Ms.Mary Sajin Sanju I

CONCEPÇÃO DE ANTENAS PIFA PARA COMUNICAÇÕES MÓVEIS

CONCEPÇÃO DE ANTENAS PIFA PARA COMUNICAÇÕES MÓVEIS

Dr.Jayasudha F V
Dr.Rexiline Sheeba I
Ms.Mary Sajin Sanju I

CONCEPÇÃO DE ANTENAS PIFA PARA COMUNICAÇÕES MÓVEIS

ANTENNA PIFA

ScienciaScripts

Imprint

Any brand names and product names mentioned in this book are subject to trademark, brand or patent protection and are trademarks or registered trademarks of their respective holders. The use of brand names, product names, common names, trade names, product descriptions etc. even without a particular marking in this work is in no way to be construed to mean that such names may be regarded as unrestricted in respect of trademark and brand protection legislation and could thus be used by anyone.

Cover image: www.ingimage.com

This book is a translation from the original published under ISBN 978-620-7-81126-7.

Publisher:
Sciencia Scripts
is a trademark of
Dodo Books Indian Ocean Ltd. and OmniScriptum S.R.L publishing group

120 High Road, East Finchley, London, N2 9ED, United Kingdom
Str. Armeneasca 28/1, office 1, Chisinau MD-2012, Republic of Moldova, Europe
Printed at: see last page
ISBN: 978-620-7-88251-9

RESUMO

O design da Antena Planar Invertida-F (PIFA), juntamente com um divisor de potência de junção em T para distribuir a potência uniformemente entre eles, representa uma abordagem estratégica destinada a aumentar o desempenho da antena, particularmente em termos de ganho. A utilização de dois patches tem como objetivo melhorar o ganho da antena, tirando partido da interferência construtiva entre os campos irradiados de cada elemento. O divisor de potência de junção em T assegura a atribuição equitativa de potência a ambos os patches, aumentando a eficiência da radiação. A análise teórica sugere que esta configuração tem o potencial de duplicar o ganho da antena em comparação com os projectos de patch único. No entanto, considerações de ordem prática, como o casamento de impedâncias e a eficiência de radiação, devem ser tidas em conta para um desempenho ótimo. Este estudo explora os processos de conceção, simulação e otimização envolvidos na implementação da PIFA de patch duplo com um divisor de potência de junção em T. É efectuada uma validação experimental para avaliar o desempenho da antena em termos de ganho, padrão de radiação e cobertura de sinal. Os resultados demonstram a eficácia desta abordagem na melhoria do desempenho global das antenas PIFA, abrindo caminho para uma maior intensidade e cobertura do sinal em aplicações de comunicações sem fios.

Esta configuração permite a radiação simultânea de ondas electromagnéticas de ambos os patches, promovendo a interferência construtiva e aumentando assim o ganho global em comparação com um design PIFA de patch único. O divisor de potência de junção em T assegura uma distribuição equitativa da potência em cada patch, facilitando uma eficiência de radiação óptima. Teoricamente, esta configuração tem o potencial de duplicar o ganho da antena, desde que o alinhamento e a otimização sejam adequados. No entanto, é necessário ter em conta considerações práticas, como a correspondência de impedâncias e a eficiência de radiação. Em resumo, esta abordagem inovadora é promissora para melhorar a intensidade do sinal e a cobertura em aplicações de comunicação sem fios, demonstrando a sua relevância e potencial impacto no terreno.

ÍNDICE DE CONTEÚDOS

LISTA DE ABREVIATURAS

PIFA	Planar Inverted F antenna
HFSS	High-Frequency Simulator System
CST	Computer Simulation Technology
WLAN	Wireless Local Area Network
FR4	Flame Retardant
MIC	Microwave Integrated Circuits
RFID	Radio Frequency Identification
MIMO	Multiple Input Multiple Output
LTE	Long Term Evolution
GNSS	Global Navigation Satellite System
GLONASS	Globalnaya Navigazionnaya Sputnikovaya Sistema
NFC	Near field communication
PCB	Printed circuit board
UWB	Ultra-Wideband
UMTS	Universal Mobile Telecommunication system
UHF	Ultra-high-frequency band
GSM	Global System for Mobile Communication
WIMAX	Worldwide Inter-operability for Microwave Access
ISM	Industrial, Scientific, and Medical
FEA	Finite element analysis
CFD	Computational fluid dynamics
EM	Electromagnetic
CAD	Computer-aided design

CAPÍTULO-1
INTRODUÇÃO

Os sistemas de comunicação sem fios tornaram-se omnipresentes na sociedade moderna, impulsionando a procura de soluções de antenas compactas, eficientes e versáteis. Entre estas soluções, as Antenas Planares de F Invertido (PIFAs) ganharam uma atenção significativa pela sua capacidade de satisfazer os requisitos rigorosos de várias aplicações sem fios. Este projeto tem como objetivo concetualizar, conceber e fabricar uma PIFA que funcione à frequência de ressonância de 5,8 GHz, respondendo à necessidade crescente de sistemas de comunicação de alta frequência, particularmente em Wi-Fi, WLAN e outras aplicações sem fios de banda larga.

A conceção proposta da PIFA integra técnicas de matriz inovadoras para melhorar o desempenho e a funcionalidade, oferecendo melhores características de ganho, directividade e radiação em comparação com as concepções tradicionais de elemento único. Através de uma otimização meticulosa das dimensões da antena, das propriedades do substrato e das configurações do conjunto, o projeto visa atingir os melhores parâmetros de desempenho, como o ganho, a largura de banda e a eficiência de radiação, tornando-o adequado para uma vasta gama de aplicações de comunicações sem fios.

A seleção de 5,8 GHz como frequência de funcionamento está alinhada com a procura crescente de transmissão de dados a alta velocidade e de aplicações com grande largura de banda. Ao ressoar nesta frequência, a antena assegura a compatibilidade com as redes sem fios existentes e as tecnologias emergentes, facilitando a integração e a interoperabilidade sem problemas. As principais considerações no processo de conceção incluem a seleção do substrato, em que o material FR4 é escolhido pelas suas propriedades dieléctricas favoráveis, robustez mecânica e relação custo-eficácia. A constante dieléctrica e a tangente de perda do FR4 são cuidadosamente consideradas para garantir uma transferência de energia eficiente e uma atenuação mínima do sinal, especialmente a frequências mais elevadas, como 5,8 GHz.

O âmbito do projeto engloba processos abrangentes de investigação, simulação, otimização e validação experimental. O software de simulação electromagnética avançada, como o HFSS, será utilizado para modelar e otimizar a conceção da antena, enquanto os testes laboratoriais validarão os parâmetros de desempenho em condições reais. As considerações relativas ao fabrico, incluindo a compatibilidade com os processos normais de fabrico de PCB, garantirão uma produção económica e escalável da conceção da antena. A otimização do desempenho será um ponto fulcral, com especial ênfase em parâmetros-chave como o ganho, a largura de banda, a eficiência da radiação e a correspondência de impedâncias. Através de iterações de conceção iterativas e análises de sensibilidade, o projeto visa resolver os estrangulamentos de desempenho e adaptar a conceção da antena para satisfazer requisitos de aplicação específicos. A documentação e os relatórios desempenharão um papel integral, capturando todo o processo de conceção e divulgando os resultados do projeto através de relatórios técnicos, apresentações e, possivelmente, publicações académicas. Ao atingir os seus objectivos, este projeto procura contribuir para os avanços na engenharia de antenas e nos sistemas de comunicação sem fios, permitindo aos utilizadores uma conetividade contínua e fiável na banda de frequência de 5,8 GHz.

1.1 ANTENA DE MICROSTRIP PATCH

As antenas de microfita são uma escolha popular nos sistemas de comunicação sem fios devido ao seu tamanho compacto, baixo perfil, peso reduzido e facilidade de integração com circuitos integrados de micro-ondas (MIC). Estas antenas consistem num patch metálico, normalmente feito de cobre ou ouro, impresso num substrato dielétrico, que é normalmente um material de baixa perda como o FR4 ou o substrato Rogers. A conceção e o desempenho das antenas de microstrip patch dependem de vários parâmetros, incluindo as dimensões do patch, as propriedades do material do substrato, as técnicas de alimentação e a configuração do plano de terra. A frequência de ressonância da antena é determinada principalmente pelo tamanho do patch e pela constante dieléctrica do substrato. Ajustando estes parâmetros, a antena pode ser sintonizada para funcionar a uma frequência específica ou dentro de uma determinada largura de banda. Uma das principais vantagens das antenas de microstrip patch é a sua versatilidade em termos de forma e configuração. Podem ser concebidas em várias formas, como quadradas, rectangulares, circulares ou mesmo geometrias mais complexas, para se adequarem a requisitos de aplicações específicas. Além disso, podem ser dispostos vários patches numa configuração de matriz para obter as características de radiação pretendidas, como a direção do feixe ou a modelação do padrão. Apesar das suas vantagens, as antenas de microstrip patch também sofrem de algumas limitações. Um problema comum é sua largura de banda estreita, especialmente para projetos de patch único. Técnicas como o uso de patches empilhados ou parasitas, ou o emprego de estruturas metamateriais, podem ajudar a alargar a largura de banda. Outro desafio é conseguir uma elevada eficiência de radiação, especialmente quando se opera em bandas de frequência mais elevadas. A otimização cuidadosa do design e as técnicas de correspondência adequadas são essenciais para ultrapassar estes desafios.

As antenas patch de microfita encontram aplicações em vários domínios, como comunicações por satélite, comunicações móveis, sistemas de radar, redes de sensores sem fios e sistemas RFID. O seu tamanho compacto e a compatibilidade com as modernas técnicas de fabrico tornam-nas adequadas para integração em dispositivos portáteis, antenas inteligentes e sistemas de phased array. A investigação em curso sobre materiais, metodologias de conceção e técnicas de fabrico continua a melhorar o desempenho e a versatilidade das antenas de microfita, garantindo a sua relevância nos futuros sistemas de comunicações sem fios.

1.2 TIPOS DE ANTENAS DE MICROFITA

1.2.1 Antena retangular de microfita

As antenas rectangulares de microfita têm um design simples com uma placa metálica retangular montada num substrato dielétrico. Conhecidas pela sua facilidade de fabrico, estas antenas são normalmente utilizadas em vários sistemas de comunicação, como Wi-Fi, Bluetooth, RFID e comunicação por satélite. O seu tamanho compacto e o padrão de radiação omnidirecional tornam-nas adequadas para aplicações em que o espaço é limitado e se pretende uma ampla cobertura. A sua construção envolve normalmente uma placa metálica retangular, muitas vezes feita de cobre ou ouro, impressa num substrato dielétrico como o

FR4 ou o material Rogers. Técnicas de fabrico como a fotolitografia e a gravação são utilizadas para fabricar estas antenas em placas de circuito impresso (PCB) ou substratos especializados. Servem como componentes integrais em várias aplicações, incluindo, mas não se limitando a, routers Wi-Fi, dispositivos Bluetooth, sistemas RFID, comunicações por satélite e dispositivos móveis, como smartphones e tablets. Nos routers e pontos de acesso Wi-Fi, as antenas de remendo rectangulares facilitam a conetividade sem fios à Internet, transmitindo e recebendo sinais de e para dispositivos ligados numa rede, assegurando uma transferência de dados e um acesso à Internet sem problemas.

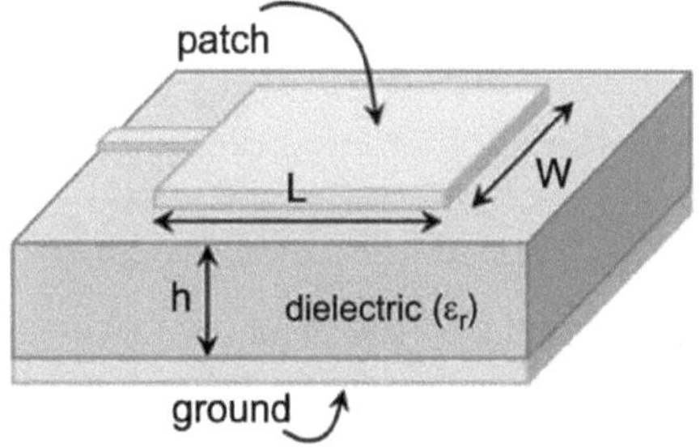

Fig: 1.2.1 Antena de Patch Retangular

1.2.2 Antena circular de microfita:

As antenas circulares de microstrip patch apresentam um patch metálico circular ou anular montado num substrato dielétrico. Oferecem vantagens como efeitos de borda reduzidos, largura de banda melhorada e, por vezes, padrões de radiação melhorados em comparação com patches rectangulares. Essas antenas encontram aplicações em comunicações via satélite, sistemas GPS, dispositivos móveis e outros cenários em que a polarização circular ou padrões de radiação específicos são desejados. A construção envolve um patch metálico impresso num substrato dielétrico, cuidadosamente concebido para ressoar na frequência desejada. São utilizadas técnicas de fabrico como a fotolitografia e a gravação para um fabrico preciso em PCBs ou substratos especializados.

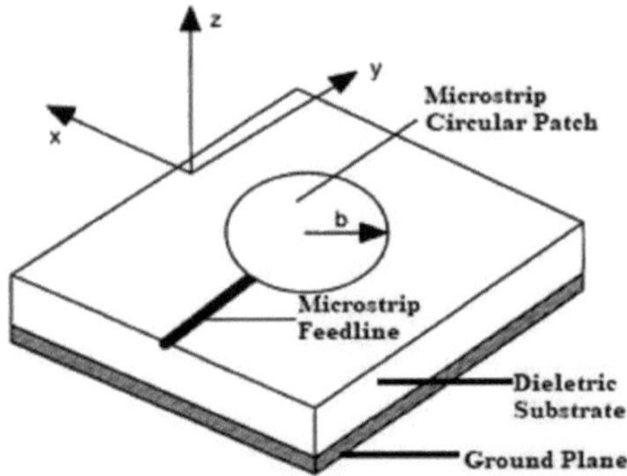

Fig: 1.2.2 Antena de Patch Circular

1.2.3 Antena de microfita duplamente polarizada

As antenas de patch de microfita duplamente polarizadas são concebidas para transmitir e receber sinais em polarizações horizontais e verticais simultaneamente. Oferecem vantagens como a melhoria do débito de dados e da fiabilidade em sistemas de comunicação sem fios que utilizam a tecnologia MIMO. Comumente usadas em sistemas MIMO para várias redes de comunicação sem fio, incluindo redes celulares, Wi- Fi, LTE e 5G, elas são particularmente benéficas em ambientes com alta propagação de multipercurso e interferência. A construção envolve normalmente dois conjuntos de elementos radiantes ortogonais no mesmo substrato, cuidadosamente concebidos para um isolamento adequado e uma correspondência de impedâncias. São utilizadas técnicas de fabrico como a fotolitografia e a gravação para um fabrico preciso em PCB ou substratos especializados.

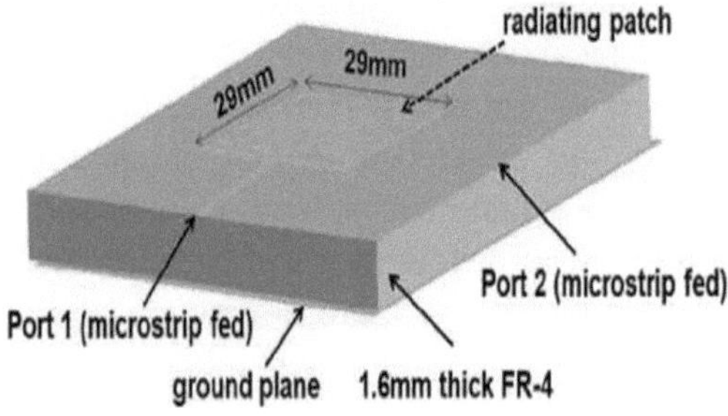

Fig: 1.2.3 Antena de Patch Duplamente Polarizada

As antenas de patch de microfita são de vários tipos, cada uma atendendo a aplicações e requisitos de desempenho específicos. Quer se trate da simplicidade dos patches rectangulares, das vantagens da largura de banda dos patches circulares ou da versatilidade dos designs de dupla polarização, as antenas de patches de microfita oferecem uma solução compacta, eficiente e adaptável para os modernos sistemas de comunicação sem fios. Esta configuração de antena oferece vantagens significativas em termos de aumento do débito de dados, maior eficiência espetral e maior fiabilidade nos sistemas de comunicação sem fios, em especial nos que utilizam a tecnologia MIMO (Multiple Input Multiple Output). A sua capacidade de transmitir e receber sinais em duas polarizações ortogonais em simultâneo torna-as adequadas para uma vasta gama de aplicações, incluindo redes celulares, Wi-Fi, sistemas MIMO, sistemas de radar e comunicações por satélite.

1.3 ANTENNA PIFA

1.3.1 Funcionamento da antena PIFA

As Antenas Planares de F Invertido (PIFAs) representam um componente crucial dos sistemas de comunicação sem fios devido à sua compacidade, versatilidade e eficiência. Caracterizadas pelo seu design de baixo perfil, as PIFAs têm uma aplicação generalizada em vários dispositivos electrónicos, particularmente em dispositivos móveis como smartphones, tablets e wearables. O seu padrão de radiação omnidirecional assegura a cobertura em várias direcções sem necessidade de ajustes mecânicos, o que os torna ideais para utilização em dispositivos onde prevalecem as restrições de espaço. A construção de um PIFA envolve normalmente um elemento radiante, um plano de terra e uma estrutura de alimentação, todos integrados na placa de circuito impresso (PCB) ou no chassis do dispositivo. Embora os PIFAs ofereçam vantagens como o tamanho compacto, o baixo perfil e a versatilidade no funcionamento em frequência, podem enfrentar desafios relacionados com a largura de banda, a eficiência e o acoplamento mútuo em dispositivos com várias antenas. No entanto, os PIFAs continuam a desempenhar um papel significativo na conetividade sem fios dos dispositivos electrónicos modernos, facilitando a comunicação sem descontinuidades numa vasta gama de aplicações, desde as telecomunicações móveis aos dispositivos da Internet das Coisas (IoT) e muito mais.

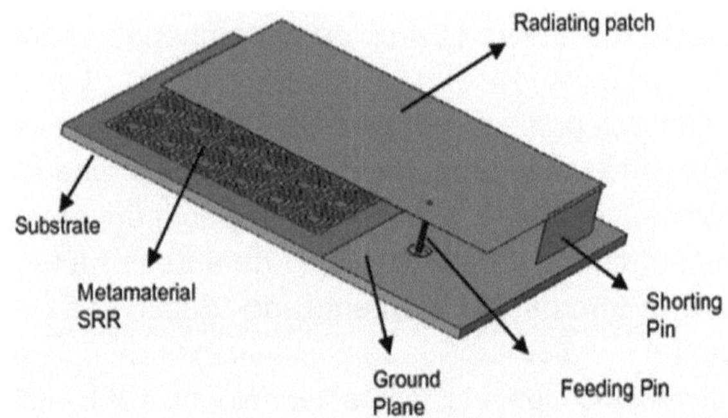

Fig: 1.3.1 Antena PIFA

A Antena Planar Invertida-F (PIFA) funciona com base nos princípios do eletromagnetismo para transmitir e receber ondas electromagnéticas de forma eficiente. A funcionalidade de uma PIFA envolve a interação dos seus componentes principais: o elemento radiante, a placa de terra e a estrutura de alimentação. No seu núcleo, o elemento radiante de um PIFA é uma estrutura condutora com a forma típica de um F invertido, posicionada paralelamente à placa de massa. Este elemento radiante é concebido para entrar em ressonância na frequência de funcionamento pretendida, que é determinada pelas suas dimensões físicas e pelas propriedades dieléctricas dos materiais circundantes. Quando uma corrente alternada é aplicada à estrutura de alimentação, são gerados campos electromagnéticos no elemento radiante.

A placa de terra por baixo do elemento radiante serve de ponto de referência e contribui para o desempenho da antena, moldando o padrão de radiação. Fornece uma superfície reflectora contra a qual as ondas electromagnéticas emitidas pelo elemento radiante são reflectidas e irradiadas de novo, aumentando assim a eficiência da antena. O plano de terra também ajuda a obter uma correspondência de impedância equilibrada e a reduzir as perdas no sistema de antena.

A estrutura de alimentação de uma PIFA facilita a transmissão e receção de sinais electromagnéticos entre a antena e os circuitos externos. Esta estrutura de alimentação pode assumir várias formas, como linhas microstrip ou cabos coaxiais, consoante os requisitos específicos do projeto e as necessidades da aplicação. Assegura que a energia electromagnética é transferida de forma eficiente de e para o elemento radiante, permitindo que a antena transmita e receba sinais de forma eficaz.

O funcionamento de um PIFA envolve a interação destes componentes para gerar ondas electromagnéticas que se propagam através do meio circundante. À medida que a corrente alternada atravessa a estrutura de alimentação e entra no elemento radiante, são criados campos electromagnéticos que levam à emissão de ondas electromagnéticas para o espaço. A geometria e as dimensões do elemento radiante, bem como a sua proximidade do plano de terra, influenciam o padrão de radiação e a eficiência da antena.

O PIFA gira em torno da geração e propagação eficientes de ondas electromagnéticas através do seu elemento radiante, em conjunto com a placa de terra e a estrutura de alimentação.

Ao conceber e otimizar cuidadosamente estes componentes, os PIFAs podem atingir um elevado desempenho e fiabilidade em sistemas de comunicação sem fios, tornando-os componentes indispensáveis nos dispositivos electrónicos modernos.

1.3.2 Utilizações do PIFA nas comunicações móveis

As Antenas Planares de F Invertido (PIFAs) desempenham um papel crucial nas comunicações móveis devido ao seu tamanho compacto, baixo perfil e eficiência. São largamente utilizadas em dispositivos móveis, como smartphones, tablets e wearables, para facilitar a comunicação sem fios.
conetividade em várias normas de comunicação. Nas comunicações móveis, os PIFAs desempenham múltiplas funções essenciais:

Em primeiro lugar, os PIFAs permitem a comunicação celular, fornecendo antenas para a transmissão e receção de sinais em redes móveis. Suportam múltiplas bandas de frequência utilizadas por diferentes tecnologias celulares, como GSM, 3G, 4G LTE e 5G. As PIFAs são concebidas para ressoar nestas frequências específicas, assegurando um desempenho e uma cobertura óptimos em diversos ambientes de rede. Em segundo lugar, as PIFAs permitem a conetividade sem fios à Internet, normalmente conhecida por Wi-Fi, em dispositivos móveis. São utilizadas como antenas para módulos Wi-Fi, permitindo aos utilizadores aceder a redes de Internet de alta velocidade em casas, escritórios, espaços públicos e hotspots Wi-Fi. As PIFAs facilitam a transmissão e receção de dados sem descontinuidades, melhorando a experiência do utilizador no acesso a serviços em linha, na transmissão de conteúdos multimédia e na comunicação em linha. Além disso, as PIFAs suportam a conetividade Bluetooth em dispositivos móveis, permitindo a comunicação sem fios de curto alcance para várias aplicações, como chamadas em modo mãos-livres, transmissão de áudio sem fios, partilha de ficheiros e emparelhamento de dispositivos. Os PIFA servem de antenas para módulos Bluetooth, assegurando uma comunicação fiável entre dispositivos com o mínimo de interferência e consumo de energia. Além disso, os PIFA facilitam a receção do Sistema Global de Navegação por Satélite (GNSS) em dispositivos móveis, incluindo GPS, Galileo, GLONASS e BeiDou. Servem como antenas para receptores GPS, permitindo um posicionamento preciso, navegação e serviços baseados na localização, como mapeamento, aplicações de navegação e localização. Além disso, os PIFAs suportam a funcionalidade de comunicação de campo próximo (NFC) em dispositivos móveis, permitindo transacções seguras sem contacto, troca de dados e emparelhamento de dispositivos. Os PIFAs servem de antenas para módulos NFC, permitindo aos utilizadores efetuar pagamentos, aceder a conteúdos digitais e interagir facilmente com dispositivos com NFC. Os PIFAs desempenham um papel vital na comunicação móvel, permitindo a conetividade celular, o acesso Wi-Fi, o emparelhamento Bluetooth, a receção GNSS e a funcionalidade NFC em dispositivos móveis. O seu design compacto, desempenho eficiente e versatilidade tornam-nos componentes indispensáveis nos modernos smartphones, tablets e wearables, contribuindo para experiências de comunicação sem fios perfeitas para utilizadores de todo o mundo.

No domínio das comunicações móveis, as Antenas Planar Inverted-F (PIFAs) desempenham um papel multifacetado, oferecendo diversas funcionalidades adaptadas às exigências dos dispositivos móveis modernos. Estas antenas são fundamentais para facilitar a conetividade celular, permitindo a transmissão contínua de voz e dados através de várias bandas de frequência utilizadas pelas redes celulares. Para além da comunicação celular, as PIFAs são fundamentais para fornecer conetividade Wi-Fi, permitindo aos utilizadores aceder a redes de Internet de alta velocidade em ambientes públicos e privados. Além disso, contribuem para a integração da tecnologia Bluetooth, suportando a comunicação sem fios de curto alcance para tarefas como a partilha de ficheiros, a transmissão de áudio e o emparelhamento de dispositivos.

Além disso, as PIFAs permitem a receção do Sistema Global de Navegação por Satélite (GNSS), permitindo aos utilizadores um posicionamento preciso, navegação e serviços baseados na localização, essenciais para aplicações como mapas e aplicações de navegação. Além disso, estas antenas facilitam as funcionalidades de comunicação de campo próximo (NFC), permitindo transacções sem contacto, troca de dados e interação com dispositivos com NFC. Essencialmente, as PIFAs funcionam como componentes indispensáveis nos sistemas de comunicação móvel, fornecendo uma base para uma conetividade fiável, uma funcionalidade melhorada e experiências de utilizador sem falhas numa miríade de aplicações sem fios e dispositivos móveis.

Além disso, os PIFA facilitam as capacidades de comunicação de campo próximo (NFC), permitindo aos utilizadores efetuar transacções seguras sem contacto, trocar dados e interagir com dispositivos com NFC. Essencialmente, a adoção generalizada de PIFAs nas comunicações móveis sublinha a sua importância para garantir uma conetividade fiável, uma funcionalidade melhorada e experiências de utilização sem descontinuidades numa gama diversificada de aplicações e dispositivos sem fios.

CAPÍTULO 2

PESQUISA BIBLIOGRÁFICA

2.1 INFERÊNCIAS

A coleção de artigos de investigação apresenta uma exploração abrangente das Antenas Planares de F Invertido (PIFAs) e das suas aplicações em vários campos, incluindo comunicações sem fios, dispositivos móveis, óculos inteligentes e telemetria biomédica. Cada artigo oferece perspectivas e inovações únicas, abordando desafios e requisitos específicos no seu respetivo domínio. Hamza ben Hamadi et al. centram-se na conceção de uma antena PIFA multibanda adequada a normas modernas de comunicações sem fios, dando ênfase à compacidade e versatilidade. Outro artigo de Dalia Mohammed Nashaat e Hala A. Elsadek apresenta uma antena PIFA quadribanda compacta de alimentação única, demonstrando técnicas para a redução do tamanho, mantendo o desempenho. Esta antena oferece eficiência em quatro bandas de frequência distintas, atendendo a diversas aplicações de comunicação sem fios. Saad Wasmi Luhaib et al. debruçam-se sobre a conceção de antenas PIFA de banda dupla para sistemas GSM, optimizando as frequências de ressonância para abranger as bandas GSM900 e GSM1900. A sua investigação visa a miniaturização, a radiação omnidirecional e uma ampla largura de banda de impedância, essenciais para aplicações em aparelhos móveis.

Além disso, a investigação de Ziyang Huang et al. explora antenas de biotelemetria implantáveis, tirando partido dos PIFAs para miniaturização e melhoria do desempenho na banda MICS. O seu trabalho contribui para uma melhor transmissão e receção de dados em aplicações biomédicas. Além disso, Giovanni Andrea Casula e Giorgio Montisci propõem critérios de conceção para reduzir o efeito do corpo humano nas antenas PIFA vestíveis, tendo em vista a robustez e o desempenho ótimo em aplicações de banda UHF. Estes artigos avançam coletivamente a compreensão e a implementação da tecnologia PIFA num espetro de aplicações, demonstrando a sua versatilidade, eficiência e potencial de inovação em sistemas de comunicação sem fios, dispositivos móveis, dispositivos portáteis e telemetria biomédica.

2.2 METODOLOGIA ACTUAL

A metodologia existente para este trabalho engloba o projeto e a simulação de uma nova configuração de Antena Planar Invertida-F (PIFA) adaptada para funcionamento em banda dupla em sistemas GSM e WiMAX. A estrutura da antena proposta inclui planos de curto-circuito, um elemento radiante dobrado e braços horizontais, estrategicamente dispostos para facilitar o funcionamento eficiente dentro das bandas de frequência desejadas. A simulação usando o software HFSS demonstra a operação bi-banda com frequências ressonantes em 0,991/1,026 GHz e 3,697/3,488 GHz, validando o potencial da antena para a funcionalidade de banda dupla. No entanto, o documento reconhece várias limitações, incluindo potenciais restrições de largura de banda, problemas de isolamento e interferência entre as bandas GSM e WiMAX, e desafios na correspondência e sintonização da impedância.

Além disso, são referidas preocupações relativas à eficiência da radiação, restrições físicas, sensibilidade ambiental, capacidade de fabrico e custo. Ao reconhecer estas limitações, o documento estabelece as bases para investigação futura destinada a otimizar a conceção da PIFA proposta e a enfrentar os desafios identificados para melhorar o seu desempenho e aplicabilidade em sistemas de comunicação de banda dupla. O processo de conceção envolve a consideração detalhada das dimensões e da disposição dos componentes da antena para atingir as frequências de ressonância e as características de radiação desejadas em ambas as bandas.

O software de simulação electromagnética, como o HFSS e o IE3D, é utilizado para simular a estrutura PIFA e analisar o seu funcionamento bi-banda. Os resultados da simulação indicam frequências ressonantes dentro das bandas GSM e WiMAX, validando a adequação da antena para funcionamento em banda dupla. No entanto, o documento reconhece várias limitações, incluindo potenciais restrições de largura de banda, problemas de isolamento e interferência, e preocupações com a eficiência da radiação e a correspondência de impedâncias. São sugeridas futuras direcções de investigação para resolver estas limitações, abrindo caminho para melhorar o desempenho da antena e a sua aplicabilidade prática em sistemas de comunicação de banda dupla. Estas limitações incluem potenciais restrições de largura de banda, problemas de isolamento e interferência entre as bandas GSM e WiMAX, preocupações com os desafios da correspondência e sintonização da impedância e restrições físicas no desempenho da antena. Ao reconhecer estas limitações, o documento prepara o terreno para futuros esforços de investigação destinados a otimizar a conceção da PIFA proposta e a enfrentar os desafios identificados para melhorar o seu desempenho e aplicabilidade em sistemas de comunicação de banda dupla.

2.3 INCONVENIENTES DA CONCEPÇÃO ACTUAL

O projeto apresenta um esforço promissor no domínio da conceção de antenas para comunicações sem fios, mas é essencial reconhecer e resolver os seus potenciais inconvenientes. Uma limitação notável reside na dependência de software de simulação para validar o desempenho da antena PIFA proposta. Embora os resultados da simulação indiquem um funcionamento bi-banda nas bandas de frequência GSM e WiMAX, é necessária uma validação experimental exaustiva para garantir a aplicabilidade no mundo real e a consistência do desempenho. Além disso, o documento reconhece as preocupações relativas a potenciais restrições de largura de banda, isolamento e problemas de interferência entre as bandas GSM e WiMAX. Estes desafios podem prejudicar a capacidade da antena para acomodar eficazmente gamas de frequência mais amplas ou bandas de frequência adjacentes, afectando a sua utilidade global em sistemas de comunicação de banda dupla. Além disso, a complexidade do casamento e da afinação da impedância na conceção compacta da PIFA levanta questões sobre a implementação prática e a possibilidade de fabrico. A resolução destes inconvenientes através de uma validação experimental rigorosa, da otimização dos parâmetros de conceção e da consideração de restrições práticas será crucial para a concretização de todo o potencial da antena PIFA proposta para satisfazer as exigências dos modernos sistemas de comunicação sem fios.

Ao abordar os potenciais inconvenientes do projeto, torna-se evidente que a validação experimental completa, a otimização dos parâmetros de conceção e a consideração das restrições práticas são fundamentais. Embora o software de simulação como o HFSS e o IE3D ofereça informações valiosas, as discrepâncias entre o desempenho simulado e o desempenho no mundo real têm de ser atenuadas através de uma validação experimental rigorosa. Este processo de validação deve ser pormenorizado para incutir confiança no desempenho real da antena, especialmente em cenários dinâmicos e reais. Além disso, a resolução de problemas relacionados com limitações de largura de banda, isolamento e interferência entre bandas de frequência é crucial para garantir uma fiabilidade de comunicação óptima. Os desafios na obtenção da correspondência e sintonização da impedância nas bandas GSM e WiMAX realçam a necessidade de uma otimização cuidadosa e da consideração dos custos de fabrico e da viabilidade. Em termos gerais, para ultrapassar estes inconvenientes, é necessária uma abordagem abrangente que integre a validação experimental, as estratégias de otimização e as considerações sobre os constrangimentos práticos, a fim de melhorar o desempenho e a aplicabilidade da antena PIFA proposta em sistemas de comunicação de banda dupla.

2.4 METODOLOGIA PROPOSTA

A metodologia proposta para a conceção da Antena Planar Invertida-F (PIFA) com uma técnica de matriz envolve várias etapas fundamentais para garantir um desempenho e uma funcionalidade óptimos. Em primeiro lugar, a estrutura da antena é meticulosamente concebida com dimensões específicas adaptadas para ressonância a 5,8 GHz. Estas dimensões, incluindo o comprimento, a largura e a altura do substrato, são calculadas com base na frequência de ressonância pretendida e nas propriedades do substrato. A escolha do material do substrato, como o FR4, é fundamental para obter propriedades eléctricas favoráveis, facilidade de fabrico e rentabilidade. A antena possui dois patches em forma de F estrategicamente posicionados no substrato para otimizar a correspondência de impedância, o padrão de radiação e a largura de banda. A configuração da antena PIFA como um conjunto aumenta ainda mais o ganho, a directividade e o controlo do padrão de radiação em comparação com uma antena de elemento único.

O espaçamento entre os elementos da matriz é cuidadosamente determinado para garantir uma interferência construtiva e um melhor desempenho. Além disso, é utilizado um divisor de potência de junção em T para fornecer energia a ambos os elementos da matriz, garantindo uma distribuição de potência igual e características de radiação equilibradas. As considerações de design para o divisor de potência incluem transferência de potência eficiente, correspondência de impedância e técnicas de isolamento para minimizar perdas e reflexões. Após uma extensa simulação e otimização utilizando software de simulação electromagnética como o HFSS, o projeto da antena é submetido a validação experimental para verificar o seu desempenho em condições reais.

As medições são efectuadas para validar parâmetros-chave como a perda de retorno, o padrão de radiação e o ganho, garantindo que a antena cumpre os requisitos especificados. Em termos gerais, a metodologia proposta tem como objetivo fornecer uma conceção sofisticada e eficiente de uma antena PIFA capaz de obter um melhor desempenho e funcionalidade para várias aplicações de comunicações sem fios que operam na banda de frequência de 5,8 GHz, tais como Wi-Fi, WLAN e algumas aplicações 5G. Esta consideração de design engloba transferência de energia eficiente, correspondência de impedância e técnicas de isolamento para minimizar perdas e reflexões dentro da rede de distribuição de energia. A simulação e otimização electromagnéticas extensivas utilizando ferramentas como o HFSS são utilizadas para afinar os parâmetros da antena e a validação experimental subsequente verifica o seu desempenho em condições reais.

CAPÍTULO-3

OBJECTIVO E ÂMBITO DO PROJECTO

3.1 MODELO ACTUAL E LIMITAÇÕES

Este projeto tem como objetivo introduzir novos modelos de Antenas Planares de F Invertido (PIFA) adequados aos sistemas GSM e WiMAX. A Figura 5 ilustra a configuração da antena PIFA proposta para funcionamento em duas bandas. A estrutura inclui dois planos de curto-circuito com dimensões de 7 x 5 mm, um elemento radiante dobrado para baixo com uma altura de 5 mm e dois braços horizontais com dimensões de 7 x 3 mm. Esta conceção destina-se a facilitar o funcionamento em banda dupla, permitindo que a antena funcione eficazmente nas bandas de frequência atribuídas às normas de comunicação GSM e WiMAX. Ao tirar partido desta inovadora configuração PIFA, a antena oferece potenciais vantagens, tais como dimensões compactas, boas características de radiação e compatibilidade com múltiplos sistemas de comunicação sem fios, que são úteis para ultrapassar desafios do mundo real.

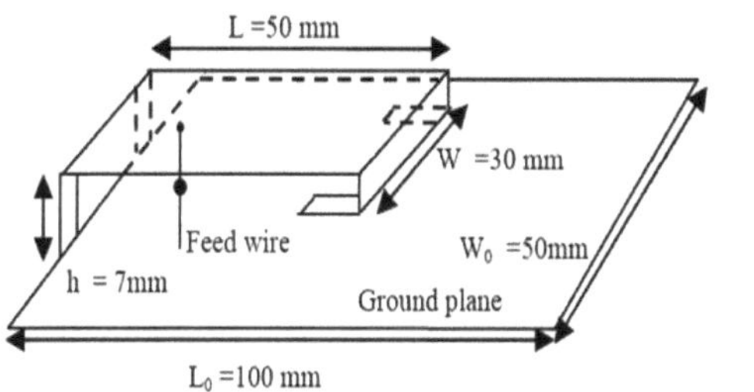

Fig: 3.1 Conceção PIFA existente

A simulação da estrutura PIFA pelo HFSS permite obter uma antena de banda dupla que funciona a duas frequências de ressonância 0,991 e 3,697 GHz. A primeira perda de retorno para a frequência de 0,991 GHz tem um pico inferior a -18 dB e a segunda para a frequência de 3,697 GHz desce até ao valor de -17 dB. Quase encontramos os mesmos resultados pelo IE3D, com picos de 22,5dB e -30dB a aparecerem nas frequências 1,026 GHz e 3,488 GHz respetivamente. Estes resultados traduzem uma óptima adaptação da antena. Embora os resultados da simulação para o modelo da Antena Planar Invertida-F (PIFA) bi-banda sejam promissores, existem várias limitações que devem ser consideradas:

Limitações de largura de banda: A largura de banda da antena pode ser limitada, particularmente nas freqüências de ressonância de 0,991/1,026 GHz e 3,697/3,488 GHz. Essa limitação pode afetar a capacidade da antena de acomodar faixas de freqüência mais amplas ou faixas de freqüência adjacentes dentro dos espectros GSM e WiMAX.

Isolamento e interferência: A proximidade dos elementos radiantes da antena e a disposição dos seus componentes podem levar a uma diminuição do isolamento entre as portas da antena. Este facto pode resultar num aumento do acoplamento e da interferência entre as bandas GSM e WiMAX, degradando potencialmente o desempenho em funcionamento de banda dupla.

Eficiência de radiação: O tamanho compacto e as complexidades do design da antena PIFA podem comprometer a sua eficiência de radiação, especialmente em frequências específicas das bandas GSM e WiMAX. Uma menor eficiência de radiação pode afetar a capacidade da antena para transmitir e receber sinais de forma eficaz, especialmente em ambientes com elevada atenuação ou ruído: Conseguir uma correspondência de impedância óptima nas bandas GSM e WiMAX pode ser um desafio devido ao tamanho compacto da antena e aos requisitos de funcionamento em banda dupla. Poderá ser necessário um ajuste fino e a otimização das redes de correspondência para melhorar o desempenho global, o que poderá aumentar a complexidade do projeto e os custos de implementação.

Restrições físicas: As dimensões físicas e a disposição dos componentes da antena, tais como os planos de curto-circuito e os elementos radiantes, podem impor limitações à largura de banda, ao padrão de radiação e ao ganho alcançáveis. Essas limitações podem restringir a versatilidade e a aplicabilidade da antena em diferentes ambientes operacionais ou cenários de implantação.

Sensibilidade ambiental: O desempenho da antena PIFA pode ser sensível a variações nas condições ambientais, como objectos metálicos próximos, estruturas circundantes ou alterações na orientação da antena. Estes factores podem introduzir desafios adicionais na manutenção de um desempenho estável nas bandas GSM e WiMAX, especialmente em ambientes dinâmicos ou imprevisíveis.

Capacidade de fabrico e custo: A complexidade da conceção da antena e a necessidade de técnicas de fabrico precisas podem aumentar os custos de fabrico e colocar desafios à produção em massa. Quaisquer imperfeições ou variações no fabrico podem afetar a consistência e a fiabilidade do desempenho da antena.

3.2 PROJECTO PROPOSTO

A nossa proposta de conceção de uma Antena Planar Invertida-F (PIFA) utilizando uma técnica de matriz apresenta uma abordagem inovadora para obter um melhor desempenho e funcionalidade. Para uma Antena Planar Invertida-F (PIFA) concebida para ressonância a 5,8 GHz, a estrutura e as dimensões da antena seriam especificamente adaptadas para obter ressonância a esta frequência. Segue-se uma descrição pormenorizada do design:

Estrutura da antena:

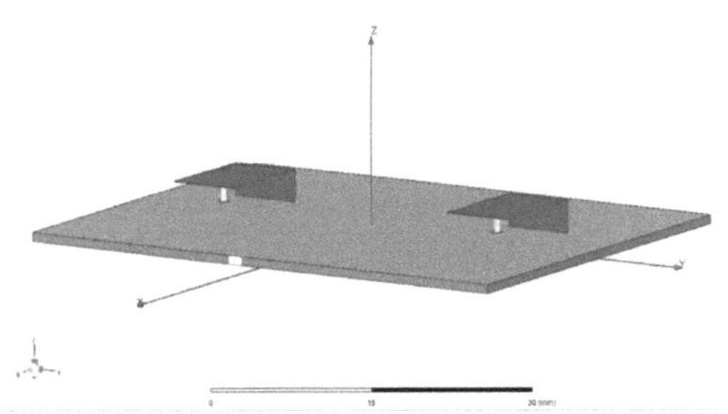

Fig: 3.2 Projeto de PIFA proposto

Dimensões: A antena PIFA é projectada com um comprimento de 50 mm, uma largura de 40 mm e uma altura de substrato de 0,8 mm. As dimensões físicas dos elementos da antena, tais como o comprimento, a largura e a altura, são ajustadas para garantir a ressonância a 5,8 GHz. As dimensões são normalmente calculadas com base na frequência de ressonância pretendida, nas propriedades do substrato e noutros factores. Estas dimensões são cuidadosamente escolhidas para entrar em ressonância nas frequências de funcionamento pretendidas e para proporcionar estabilidade mecânica. Material do substrato: A antena é fabricada num substrato com uma altura de 0,8 mm. A escolha do material do substrato desempenha um papel crucial na determinação do desempenho da antena, incluindo a correspondência da impedância, a largura de banda e a eficiência da radiação. A utilização do material FR4 como substrato para uma antena PIFA concebida para ressoar a 5,8 GHz oferece várias vantagens, incluindo propriedades eléctricas favoráveis, facilidade de fabrico e rentabilidade. Ao considerar cuidadosamente as propriedades dieléctricas, a espessura e as restrições de fabrico do substrato FR4, os projectistas podem otimizar o design da antena para obter um desempenho e uma funcionalidade ideais para várias aplicações de comunicações sem fios.

Patch em forma de F: A antena possui dois patches em forma de F posicionados no substrato. Os patches em forma de F são estrategicamente concebidos para otimizar a correspondência de impedância, o padrão de radiação e a largura de banda da antena. Esses patches servem como elementos de radiação da antena.

Configuração da matriz: A antena PIFA é configurada como uma matriz, constituída por duas manchas em forma de F dispostas numa disposição específica no substrato. A configuração em matriz permite melhorar o ganho, a directividade e o controlo do padrão de radiação em comparação com uma PIFA de elemento único.

Espaçamento entre elementos: O espaçamento entre os dois patches em forma de F é cuidadosamente determinado com base nas características de radiação desejadas e na frequência de funcionamento. O espaçamento ótimo assegura uma interferência construtiva entre os elementos, resultando num melhor desempenho.

Divisor de potência de junção em T: É utilizado um divisor de potência de junção em T para fornecer energia a ambos os elementos PIFA da matriz. Este divisor de potência assegura uma distribuição de potência igual para cada elemento, permitindo um funcionamento simétrico e características de radiação equilibradas.

Considerações sobre o projeto: A conceção do divisor de potência de junção em T é fundamental para garantir uma transferência de potência e uma correspondência de impedância eficientes. São empregues técnicas cuidadosas de correspondência de impedâncias e de isolamento para minimizar as perdas de potência e as reflexões na rede de distribuição de energia.

Simulação e otimização: O desenho da antena PIFA proposta é amplamente simulado e optimizado utilizando software de simulação electromagnética como o HFSS. Os resultados da simulação são utilizados para afinar os parâmetros da antena, incluindo as dimensões, as propriedades do substrato e a configuração do conjunto, de modo a obter os parâmetros de desempenho desejados, como o ganho, a largura de banda e o padrão de radiação. Validação experimental: Após a simulação e otimização, o desenho da antena é submetido a uma validação experimental para verificar o seu desempenho em condições reais. São efectuadas medições para validar parâmetros-chave, como a perda de retorno, o padrão de radiação e o ganho, garantindo que a antena cumpre os requisitos especificados.

Em resumo, o projeto de antena PIFA que propomos, utilizando uma técnica de matriz, oferece uma solução sofisticada e eficiente para obter um melhor desempenho e funcionalidade. Através da otimização cuidadosa das dimensões da antena, das propriedades do substrato, da configuração do conjunto e da rede de distribuição de energia, o projeto visa proporcionar melhores características de ganho, directividade e radiação, tornando-a adequada para várias aplicações de comunicações sem fios.

Ao considerar cuidadosamente estes factores e otimizar o design da antena, uma Antena Planar Invertida-F (PIFA) pode ser concebida com sucesso para ressoar a 5,8 GHz, tornando-a adequada para várias aplicações de comunicação sem fios que operam na banda de frequência de 5,8 GHz, como Wi-Fi, WLAN e algumas aplicações 5G.

3.3 OBJECTIVO DO PROJECTO

O principal objetivo deste projeto é concetualizar, conceber e fabricar uma Antena Planar Invertida-F (PIFA) que funcione à frequência de ressonância de 5,8 GHz. O processo de conceção engloba uma abordagem multifacetada centrada na obtenção de um desempenho ótimo, na possibilidade de fabrico e na aplicabilidade a aplicações específicas de comunicações sem fios.

Especificação da frequência: A seleção de 5,8 GHz como frequência de funcionamento é estratégica, alinhando-se com a procura de sistemas de comunicação de alta frequência, particularmente no contexto de Wi-Fi, WLAN e outras aplicações sem fios de banda larga.

A ressonância da antena nesta frequência assegura a compatibilidade com as redes sem fios existentes e as tecnologias emergentes, promovendo uma integração e interoperabilidade perfeitas. Otimização do desempenho: O projeto visa otimizar os principais parâmetros de desempenho, como o ganho, a largura de banda, a eficiência de radiação e a correspondência de impedância. Através da afinação cuidadosa das dimensões da antena, das propriedades do substrato e do mecanismo de alimentação, o objetivo é obter um ganho elevado e padrões de radiação directivos para aumentar a intensidade e a cobertura do sinal, minimizando a interferência e a degradação do sinal. Seleção do substrato: O material FR4 é escolhido como substrato devido às suas propriedades dieléctricas favoráveis, à sua robustez mecânica e à sua relação custo-eficácia. A constante dieléctrica e a tangente de perda do FR4 são tidas em conta para garantir uma transferência de energia eficiente e uma atenuação mínima do sinal, especialmente a frequências mais elevadas, como 5,8 GHz.

Tamanho e fator de forma: O design da antena dá prioridade à compacidade e versatilidade para acomodar a integração em vários dispositivos electrónicos, desde smartphones e tablets a dispositivos IoT e routers sem fios. São tidas em conta as dimensões físicas, o peso e o formato da antena para facilitar a integração e a implantação em ambientes com restrições de espaço.

Capacidade de fabrico: O design é optimizado para compatibilidade com os processos de fabrico de PCB padrão, permitindo um fabrico rentável e escalável. Aproveitando as técnicas de fabrico e os materiais existentes, o objetivo é simplificar a produção, mantendo a elevada qualidade e a consistência do desempenho da antena.

Simulação e validação: O software de simulação electromagnética, como o HFSS ou o CST Microwave Studio, é utilizado para modelar e simular a conceção da antena. Os resultados simulados são rigorosamente validados através de testes e medições experimentais para garantir a precisão e a fiabilidade em condições de funcionamento reais.

Requisitos específicos da aplicação: O design da antena é adaptado para atender aos requisitos e restrições específicos das aplicações alvo, como padrão de radiação, polarização e robustez ambiental. As opções de personalização são exploradas para atender às necessidades exclusivas de diversas aplicações, desde redes sem fio internas até links ponto a ponto externos e muito mais.

Ao atingir estes objectivos, o projeto procura fornecer uma solução de antena PIFA de última geração que não só satisfaz como excede as expectativas de desempenho dos modernos sistemas de comunicação sem fios que operam a 5,8 GHz. Através da inovação, otimização e atenção meticulosa aos detalhes, o projeto pretende contribuir para os avanços na tecnologia sem fios e na conetividade, dando aos utilizadores capacidades de comunicação contínuas e fiáveis.

3.4 ÂMBITO DO PROJECTO

O projeto visa conceber e otimizar uma Antena Planar Invertida-F (PIFA) para funcionamento a 5,8 GHz, visando aplicações em sistemas de comunicação sem fios, dispositivos IoT e sistemas de radar. Será realizada uma investigação extensiva para explorar vários designs de antena PIFA e configurações de matriz adequadas para ressonância a 5,8 GHz. Esta investigação abrangerá factores como as dimensões do patch, as propriedades do substrato, as técnicas de alimentação e as configurações do plano de terra para otimizar as métricas de desempenho da antena, incluindo o ganho, a largura de banda e a eficiência da radiação.

Um aspeto crítico do projeto envolve a seleção e a caraterização do material do substrato. Os substratos dieléctricos, tais como FR4, Rogers e outros, serão avaliados com base na sua constante dieléctrica, tangente de perda, propriedades térmicas e relação custo-eficácia. Através de testes e análises laboratoriais, o material de substrato selecionado será validado quanto à sua adequação a aplicações de alta frequência e compatibilidade com processos de fabrico normalizados.

A capacidade de fabrico e a escalabilidade são considerações fundamentais no âmbito do projeto. A conceção da antena será avaliada quanto à sua capacidade de fabrico, repetibilidade e eficácia em termos de custos. Os processos de fabrico de protótipos de antenas serão desenvolvidos utilizando técnicas normais de fabrico de PCB, como a fotolitografia, a gravação e a soldadura. Serão fabricados vários protótipos para validar o conceito de conceção e avaliar as variações de desempenho decorrentes das tolerâncias de fabrico.

A simulação e a validação desempenham um papel crucial na verificação do desempenho do projeto da antena. Será utilizado software avançado de simulação electromagnética, como o HFSS, o CST Microwave Studio ou o FEKO, para modelar o comportamento eletromagnético e as características de desempenho da antena. A validação dos resultados da simulação será efectuada através de uma análise comparativa com dados medidos obtidos em ensaios laboratoriais utilizando equipamento de ensaio calibrado. As avaliações de desempenho abrangerão padrões de radiação, casamento de impedância, manuseamento de potência e testes de estabilidade de temperatura em várias condições de funcionamento. O projeto centrar-se-á na avaliação e otimização do desempenho para atingir as especificações desejadas e cumprir os objectivos do projeto. As avaliações abrangentes incluirão testes de varrimento de frequência, testes de manuseamento de potência e testes de estabilidade de temperatura. Os estrangulamentos de desempenho serão identificados através de análises de sensibilidade e estudos paramétricos, orientando a otimização iterativa da conceção da antena. As considerações específicas da aplicação, incluindo a atenuação de interferências, o funcionamento multibanda e a resiliência ambiental, serão abordadas através de modificações e optimizações do projeto adaptadas aos requisitos específicos da aplicação.

A documentação e os relatórios são componentes integrais do âmbito do projeto. Um processo de documentação pormenorizado irá registar todo o processo de conceção, incluindo especificações, configurações de simulação, procedimentos experimentais e resultados de medições. Serão preparados relatórios técnicos abrangentes, detalhando a metodologia do projeto, os resultados, as conclusões e as recomendações. Os resultados do projeto serão divulgados através de apresentações técnicas, artigos de conferências e, possivelmente, publicações académicas, contribuindo para o corpo de conhecimentos em engenharia de antenas e sistemas de comunicação sem fios.

3.5 NORMAS DO TRABALHO PROPOSTO

O trabalho proposto sobre a simulação de antenas PIFA para comunicações móveis oferece várias vantagens notáveis como a operação em Terahertz: O projeto visa especificamente o funcionamento eficiente das antenas PIFA nas bandas de frequência dos terahertz, um aspeto crítico no alinhamento da tecnologia de antenas com os requisitos previstos das redes 6G: Ao abordar os desafios associados às frequências mais elevadas, o trabalho proposto contribui para a preparação dos sistemas de comunicação sem fios para o futuro, assegurando a compatibilidade com os cenários tecnológicos em evolução.

Estrutura optimizada da antena: O projeto visa otimizar os parâmetros de conceção, incluindo o material do substrato e as dimensões da antena, para atenuar eficazmente a perda de sinal. Isto envolve um exame meticuloso das propriedades dieléctricas e dos mecanismos de alimentação para garantir uma transferência de energia eficiente. Fiabilidade nas comunicações: Ao reduzir a perda de sinal, o trabalho proposto aumenta a fiabilidade da comunicação, um fator crítico para garantir uma conetividade sem falhas em redes sem fios avançadas.

Características omnidireccionais: A otimização dos padrões de radiação inclui esforços para obter as características omnidireccionais desejadas. Isso é essencial para garantir que a antena possa efetivamente transmitir e receber sinais em uma cobertura de 360 graus, atendendo aos diversos cenários encontrados em redes 6G: A obtenção de padrões de radiação optimizados contribui para uma propagação eficiente do sinal, melhorando o desempenho geral da antena em diversos ambientes de comunicação.

Conceção compacta: O projeto reconhece as limitações de tamanho inerentes às antenas PIFA. Ao equilibrar cuidadosamente estas restrições com a necessidade de radiação eficiente, o objetivo é conseguir um design compacto sem comprometer o desempenho: O equilíbrio das restrições de tamanho garante que as antenas possam ser integradas em vários dispositivos e sistemas sem ocupar espaço excessivo, tornando-as mais práticas para aplicações no mundo real.Ferramentas de simulação avançadas: A utilização de ferramentas de simulação avançadas, como o ANSYS HFSS, proporciona uma plataforma sofisticada para a modelação e análise do comportamento das antenas. Isto permite um exame detalhado das interacções electromagnéticas, ajudando na representação exacta e na otimização do desempenho da antena: As ferramentas de simulação avançadas permitem uma análise abrangente de vários parâmetros de conceção, permitindo aos engenheiros visualizar campos eléctricos e magnéticos, estudar a distribuição de energia e explorar o impacto de diferentes configurações no comportamento da antena. Esta facilidade de integração simplifica a conceção geral do circuito e os processos de montagem. Contribuição para a tecnologia 6g: Soluções inovadoras para antenas: O trabalho proposto posiciona-se como uma contribuição para o avanço mais vasto da tecnologia 6G, introduzindo soluções inovadoras para desafios específicos na conceção de antenas: Ao abordar aspectos-chave do desempenho da antena, o projeto visa contribuir para o desenvolvimento de antenas que desempenham um papel vital na viabilização da próxima geração de conetividade sem fios, satisfazendo as exigências das redes 6G.Tamanho compacto e baixo perfil: O design planar das PIFAs permite uma pegada mais pequena e um peso reduzido em comparação com antenas tridimensionais como dipolos ou parábolas. Isto torna as PIFAs ideais para aplicações em que o espaço é escasso, como nos dispositivos móveis modernos, nos sistemas integrados compactos e na eletrónica de vestir. O tamanho reduzido também contribui para melhorar a estética e facilitar a integração em vários dispositivos. Baixo custo de fabrico: O fabrico dos PIFAs é rentável devido à sua estrutura simples e à utilização da tecnologia de placas de circuitos impressos (PCB). O processo de fabrico é simplificado, tornando a produção em massa economicamente viável. A utilização de materiais facilmente disponíveis e de técnicas de fabrico normalizadas contribui ainda mais para a rentabilidade das PIFA. Ampla largura de banda: Os PIFA podem ser concebidos para funcionar numa vasta gama de frequências, oferecendo versatilidade nas aplicações. Isto torna-os adequados para diversos sistemas de comunicação, incluindo Wi-Fi, Bluetooth e RFID. As vantagens do trabalho proposto posicionam-no coletivamente como um esforço significativo no avanço da tecnologia de antenas, assegurando a compatibilidade com arquitecturas de rede em evolução e promovendo o desenvolvimento de antenas PIFA eficientes, fiáveis e orientadas para o futuro para redes sem fios 6G.

3.6 OBSTÁCULOS

Limitações de tamanho: O desenvolvimento de antenas PIFA em miniatura impôs restrições rigorosas às dimensões físicas para garantir a compatibilidade com dispositivos móveis e sem fios. Estas limitações de tamanho foram ditadas por factores como o formato do dispositivo, o espaço disponível para a integração da antena e a estética. A obtenção de um desempenho ótimo dentro destas restrições de tamanho colocou desafios significativos, uma vez que as antenas mais pequenas apresentam frequentemente uma eficiência de radiação e um alcance de cobertura reduzidos.

Requisitos de funcionamento multibanda: Para satisfazer as exigências de várias normas de telecomunicações, foram necessárias antenas capazes de funcionar em várias bandas de frequência. Esta limitação introduziu complexidade no processo de conceção, uma vez que cada banda de frequência exigia uma correspondência de impedância específica, controlo do padrão de radiação e otimização da largura de banda. O desafio consistia em conceber antenas capazes de funcionar eficientemente em diversas gamas de frequência, mantendo factores de forma compactos e cumprindo as especificações de desempenho. Limitações do software de simulação: Embora o HFSS forneça capacidades avançadas de simulação electromagnética, a sua utilização também apresenta limitações em termos de recursos computacionais e tempo de simulação. Os projectos de antenas complexas e o funcionamento multibanda exigiam iterações de simulação extensas, que muitas vezes exigiam recursos computacionais e tempo significativos. A gestão da complexidade, precisão e tempo de execução da simulação tornou-se crucial para garantir a conclusão atempada do processo de conceção dentro dos limites do projeto.

Considerações sobre integração e capacidade de fabrico: Os projectos de antenas tinham de se integrar perfeitamente nas arquitecturas de dispositivos e processos de fabrico existentes, cumprindo simultaneamente as especificações de desempenho. As restrições relacionadas com a seleção de materiais, as técnicas de fabrico e a colocação da antena nos dispositivos influenciaram as decisões de conceção para garantir a possibilidade de fabrico sem comprometer o desempenho. O equilíbrio entre os requisitos de desempenho e as restrições de integração foi essencial para facilitar a integração harmoniosa nos dispositivos móveis e sem fios.

3.7 TROCAS COMERCIAIS

Tamanho vs. Desempenho: O equilíbrio entre as restrições de tamanho e os objectivos de desempenho, como o ganho e a largura de banda, exigiu compensações na conceção da antena. A redução do tamanho da antena para satisfazer os requisitos de formato compacto resultou frequentemente em compromissos na eficiência da radiação e no alcance da cobertura. As optimizações de conceção visavam maximizar o desempenho num espaço limitado, minimizando as compensações relacionadas com o tamanho. Complexidade vs. operação multibanda: A conceção de antenas para funcionamento multibanda introduziu complexidade, exigindo uma sintonização complexa e o ajuste dos parâmetros da antena para cada banda de frequência. As soluções de compromisso entre a complexidade da antena, o custo de fabrico e os esforços de otimização do design eram inevitáveis para obter um desempenho em várias bandas. A simplificação dos projectos de antenas, mantendo a funcionalidade multibanda, foi crucial para encontrar um equilíbrio entre complexidade e desempenho: Os compromissos entre a precisão da simulação, a eficiência computacional e o tempo de simulação tiveram de ser geridos de forma eficaz. A otimização das definições de simulação e o equilíbrio entre os recursos computacionais e a precisão da simulação foram essenciais para iterações de design eficientes e para a conclusão atempada do projeto. A obtenção de um equilíbrio entre a precisão e a eficiência da simulação permitiu uma previsão exacta do desempenho da antena, minimizando a sobrecarga computacional: Para garantir um desempenho ótimo da antena e, ao mesmo tempo, cumprir as restrições de integração e de fabrico, foi necessário fazer cedências na seleção de materiais, nas técnicas de fabrico e na colocação da antena nos dispositivos. Para conseguir uma integração perfeita em dispositivos móveis e sem fios, foram necessários compromissos no desempenho para acomodar as restrições de integração. Equilíbrio de desempenho

CAPÍTULO-4

MÉTODOS EXPERIMENTAIS

4.1 INTRODUÇÃO

ANSYS é um software de simulação de ponta reconhecido pelo seu conjunto abrangente de ferramentas que capacita engenheiros e investigadores no domínio da simulação de engenharia e design de produtos. Com foco na simulação multifísica, o ANSYS facilita uma exploração completa de comportamentos físicos interligados, tais como a dinâmica estrutural, térmica, electromagnética e de fluidos. Empregando técnicas avançadas de análise de elementos finitos (FEA), o software permite previsões precisas de tensão, deformação e transferência de calor em várias estruturas e materiais. As suas capacidades de dinâmica de fluidos computacional (CFD) permitem uma análise aprofundada do fluxo de fluidos, da transferência de calor e da aerodinâmica, enquanto as ferramentas electromagnéticas (EM) ajudam no estudo dos campos electromagnéticos.

O ANSYS destaca-se na análise estrutural, oferecendo uma visão do comportamento dos materiais sob diversas condições. Em particular, o software possui ferramentas de otimização, uma interface de fácil utilização, extensas bibliotecas de materiais e capacidades de processamento paralelo, aumentando a eficiência das simulações. Além disso, o ANSYS integra-se perfeitamente com os sistemas de desenho assistido por computador (CAD), promovendo a colaboração e permitindo a importação direta de modelos CAD. Essencialmente, o ANSYS desempenha um papel fundamental no avanço das simulações de engenharia, na otimização de projectos e na promoção da inovação numa grande variedade de indústrias.

Desempenha um papel crucial na otimização da conceção de aeronaves, garantindo a integridade estrutural e avaliando a aerodinâmica para melhorar o desempenho e a eficiência do combustível. Na indústria automóvel, o software ajuda a simular testes de colisão, a otimizar o desempenho do motor e a analisar a dinâmica dos fluidos para melhorar a aerodinâmica do veículo. Para os fabricantes de eletrónica e semicondutores, o ANSYS é fundamental na previsão de interferências electromagnéticas, na simulação do comportamento térmico e na otimização do design de componentes electrónicos. No domínio da energia, o software contribui para a conceção e análise de sistemas de energias renováveis, incluindo turbinas eólicas e painéis solares.

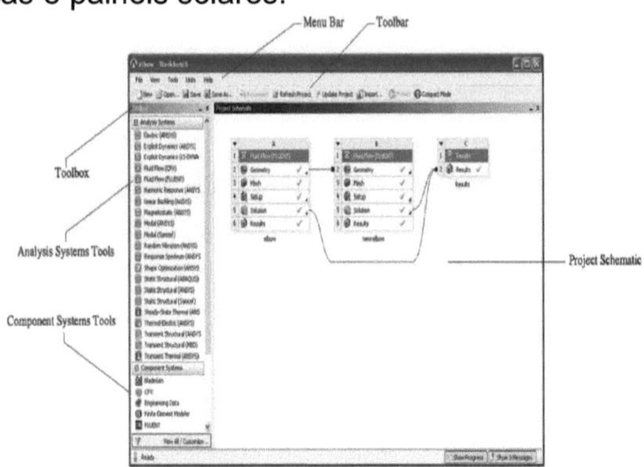

Fig: 4.1 Interface do software

ANSYS encontra aplicações na área da saúde, onde auxilia na modelação de dispositivos médicos, tais como próteses e implantes, garantindo a sua funcionalidade e segurança. Em todos estes sectores e outros, a ANSYS é uma pedra angular, fornecendo aos engenheiros um poderoso conjunto de ferramentas para simular e analisar fenómenos físicos complexos, otimizar projectos e acelerar o ciclo de vida do desenvolvimento de produtos. As suas vastas aplicações sublinham a sua importância no avanço da inovação e excelência de engenharia em várias indústrias.

O ANSYS HFSS proporciona um ambiente sofisticado para simulação electromagnética, permitindo aos engenheiros visualizar campos eléctricos e magnéticos, estudar a distribuição de potência e analisar os efeitos de várias modificações de design no desempenho da antena. Além disso, o ANSYS permite a realização de varrimentos paramétricos e estudos de otimização, simplificando o processo de afinação dos projectos de antenas PIFA para um desempenho ótimo.

A capacidade do software para lidar com simulações complexas, considerar as propriedades dos materiais e fornecer informações sobre as intrincadas interacções electromagnéticas torna-o uma ferramenta essencial para os engenheiros que procuram conceber antenas eficientes e de elevado desempenho. Globalmente, o ANSYS desempenha um papel fundamental no avanço da compreensão e otimização das antenas PIFA, contribuindo para o desenvolvimento de sistemas de comunicação sem fios fiáveis e de vanguarda.

4.2 PROCEDIMENTO DE CONCEPÇÃO DA ANTENA PIFA

O projeto de uma Antena F Invertida Planar utilizando o ANSYS envolve vários passos. Abaixo encontra-se um guia passo-a-passo com dimensões específicas baseadas nos parâmetros fornecidos.

Passo 1: Abrir o ANSYS HFSS

• Abra o software ANSYS HFSS no seu computador

Passo 2: Criar um novo projeto

• Clique em "Ficheiro" -> "Novo" -> "Projeto..." para criar um novo projeto.

• Especifique o nome e a localização do projeto. Clique em "Guardar".

Passo 3: Adicionar um novo desenho

• No Gestor de Projectos, clique com o botão direito do rato em "Designs" e escolha "Insert" -> "HFSS Design".
• Especifique o nome do desenho e clique em "OK".

Passo 4: Definir unidades de trabalho

• No Project Manager, clique com o botão direito do rato em "Units" e seleccione "Insert" -> "HFSS".

Etapa 5: Criar uma nova configuração de solução modal acionada

• Clique com o botão direito do rato em "Solution" -> "Insert Solution

Setup" -> "Driven Modal".

Passo 6: Desenhar o substrato

- Aceda ao Modelador 3D HFSS fazendo duplo clique no nome do desenho.

- Desenhar o substrato.

- Clique no separador "Desenhar".

- Desenhe um retângulo com um comprimento de 50 mm, uma largura de 40 mm e uma altura de 0,8 mm.
- Certifique-se de que está centrado na origem.

Etapa 7: Criar o remendo em F invertido

- Clique no separador "Desenhar".

- Desenhe um retângulo com 11 mm de comprimento, 6,5 mm de largura e 3 mm de altura de dobra

- Posicionar o retângulo no centro do substrato.

Etapa 8: Atribuir materiais

- Voltar ao projeto HFSS.

- Clicar com o botão direito do rato em "Assign" -> "Materials" e atribuir as propriedades adequadas do material dielétrico ao substrato.
- Neste projeto utilizamos FR4 como substrato, cobre para a terra, alumínio ou cobre para o patch.

Passo 9: Configurar portas

- Regressar ao Modelador 3D HFSS.

- Clique com o botão direito do rato na extremidade do substrato e escolha "Assign Excitation".

- Selecionar "Wave port" e especificar os parâmetros de excitação (por exemplo, frequência, modos de porta).

Passo 10: Criar uma configuração de solução

• Voltar ao projeto HFSS.

• Clique com o botão direito do rato em "Driven Modal" -> "Edit Solution Setup".

• Definir o intervalo de frequência de análise e outros parâmetros de configuração da solução.

Passo 11: Resolver o modelo

• Clique em "Solve" para executar a simulação.
Etapa 12: Analisar os resultados

• Após a conclusão da simulação, vá para o separador "Resultados".

• Analisar parâmetros como parâmetros S, padrões de radiação e correspondência de impedância.

Etapa 13: Pós-processamento e otimização

• Se necessário, efetuar o pós-processamento para visualizar e analisar o desempenho da antena.
• Opcionalmente, utilize as ferramentas de otimização ANSYS para aperfeiçoar o projeto com base em critérios de desempenho específicos.

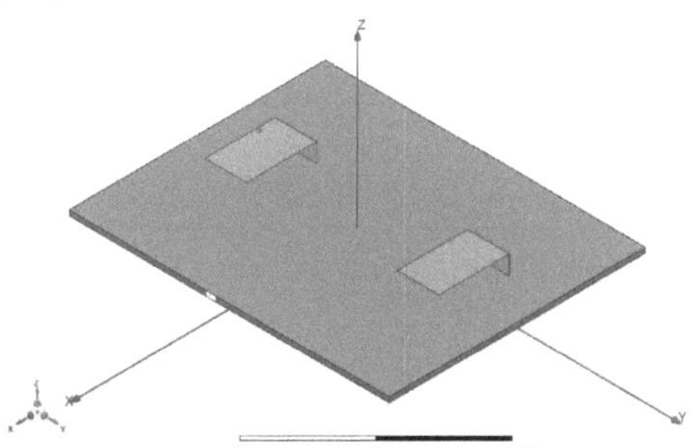

Fig: 4.2 Projeto da antena PIFA

4.2.1 Escolha do material do substrato

O FR4 é uma escolha popular para material de substrato em aplicações electrónicas devido à sua combinação favorável de propriedades eléctricas, mecânicas e térmicas. Com um custo relativamente baixo em comparação com outros substratos, o FR4 oferece excelentes propriedades dieléctricas, estabilidade numa vasta gama de temperaturas e boa resistência mecânica. A sua compatibilidade com os processos normais de fabrico de placas de circuito impresso torna-o amplamente acessível para o fabrico.

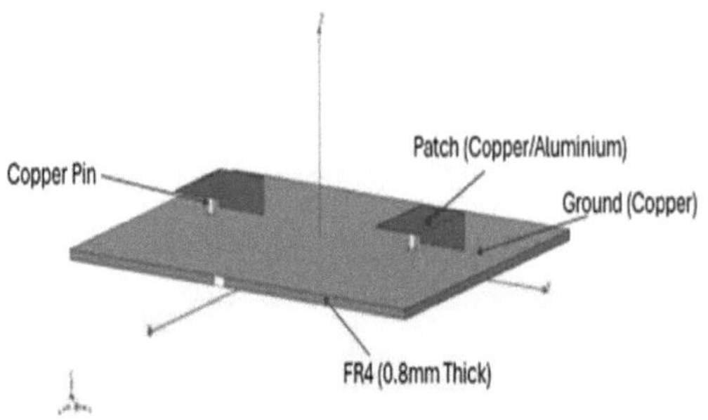

Fig: 4.2.1 Substrato

Além disso, o FR4 apresenta uma elevada estabilidade dimensional, o que o torna adequado para uma colocação precisa dos componentes e uma soldadura fiável. Em geral, a escolha do FR4 garante um desempenho fiável, uma boa relação custo-eficácia e facilidade de fabrico, tornando-o um material de substrato preferido para vários dispositivos electrónicos, incluindo antenas.

4.2.2 Conceção do plano de terra

A criação de terra utilizando cobre envolve a integração de elementos de cobre, normalmente sob a forma de folha de cobre ou substratos revestidos de cobre, para estabelecer uma ligação eléctrica eficaz à terra em circuitos electrónicos e sistemas de antenas. A elevada condutividade eléctrica e a baixa resistência do cobre tornam-no ideal para proporcionar uma ligação à terra de baixa impedância.

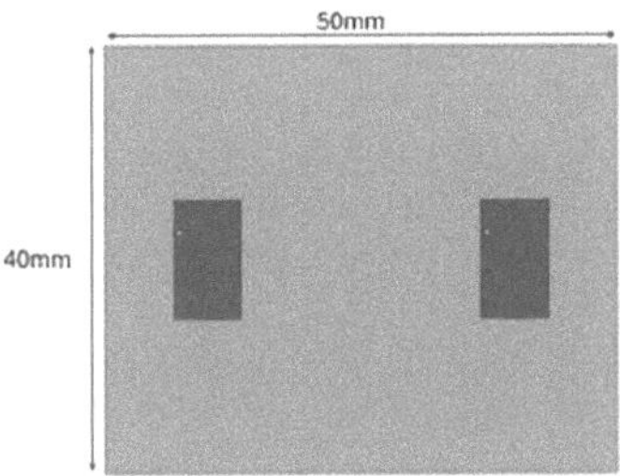

Fig: 4.2.2 Solo

O cobre é normalmente utilizado para criar planos de terra posicionados sob os elementos radiantes ou como parte do substrato da antena. No projeto de antenas, o cobre é normalmente utilizado para criar planos de terra posicionados por baixo dos elementos radiantes ou como parte do substrato da antena. Estas estruturas de terra de cobre servem para estabilizar o desempenho da antena, melhorar as características de radiação e reduzir a interferência electromagnética, dissipando as correntes parasitas e minimizando as reflexões. Através de uma conceção e colocação cuidadosas, os elementos de ligação à terra em cobre aumentam a eficiência da antena e garantem um funcionamento fiável em várias aplicações.

4.2.3 Desenho do Patch

A criação de um patch em forma de F invertido com dimensões específicas, como um comprimento de 11 mm, uma largura de 6,5 mm e uma altura de dobra de 3 mm, envolve um processo de fabrico sistemático. Começando com a preparação do substrato, normalmente utilizando materiais como o FR4, o substrato é adaptado para acomodar as dimensões desejadas do patch. Segue-se a conceção do layout, utilizando software CAD ou ferramentas de simulação electromagnética para configurar com precisão o padrão em forma de F invertido. Isto inclui a especificação do comprimento, largura e altura da curva de acordo com as dimensões definidas.

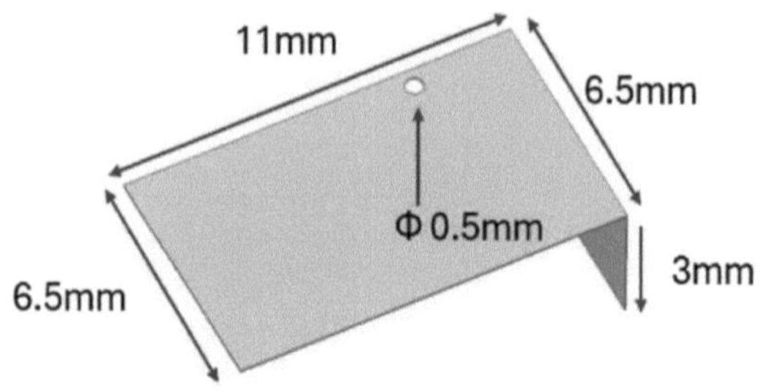

Fig: 4.2.3 Patch

O padrão é então transferido para o substrato através de técnicas como a fotolitografia, com um material fotorresistente aplicado e exposto à luz UV. A deposição de metal, normalmente utilizando cobre, é subsequentemente aplicada na superfície do substrato para formar a estrutura do remendo em forma de F invertido. A gravação remove o excesso de material, definindo com precisão a forma do adesivo. A limpeza e a inspeção asseguram a limpeza do substrato e a integridade estrutural, enquanto a integração no design geral da antena completa o processo, o que implica a ligação do patch em forma de F invertido à rede de alimentação e ao plano de terra, produzindo uma estrutura de antena funcional adequada a diversas aplicações de comunicação sem fios. Através deste meticuloso processo de fabrico, os projectistas podem obter uma mancha em forma de F invertido adaptada a dimensões específicas, garantindo um desempenho e uma funcionalidade óptimos da antena.

4.2.4 Sistemas de alimentação

A incorporação de um divisor de potência de junção T para fornecer energia a ambos os patches em forma de F invertido num projeto de antena acrescenta complexidade e versatilidade ao sistema. Esta abordagem facilita a distribuição eficiente da potência, garantindo um desempenho equilibrado entre os dois patches. A estrutura de junção em T permite a divisão do sinal de entrada em duas partes iguais, que são então alimentadas em cada patch em forma de F invertido. Ao manter a simetria e a correspondência de impedância, esta configuração optimiza o desempenho da antena, incluindo o padrão de radiação e as características de impedância. Além disso, o divisor de potência de junção em T aumenta a resiliência do sistema ao proporcionar redundância na alimentação de energia, melhorando a fiabilidade em caso de falha do componente ou degradação do sinal. De um modo geral, a utilização de um divisor de potência de junção em T representa uma escolha estratégica de conceção destinada a maximizar a eficiência e a robustez da antena em várias aplicações de comunicações sem fios.

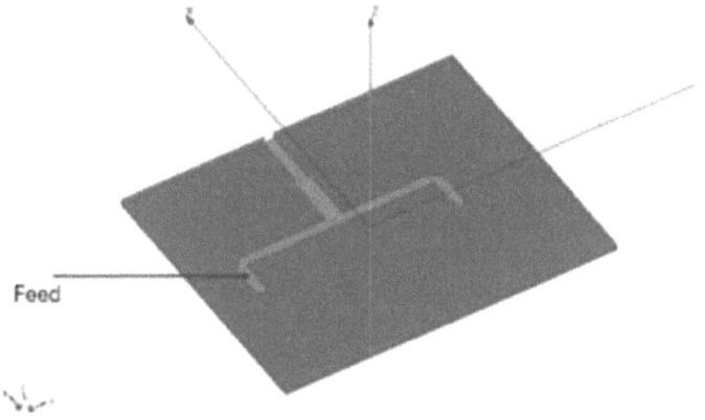

Fig: 4.2.4 Disposição da linha de alimentação

Este guia de procedimentos descreve os passos fundamentais envolvidos no projeto de uma antena PIFA através do ANSYS HFSS. O design de uma antena PIFA é um processo meticuloso que envolve a consideração cuidadosa de vários parâmetros-chave para garantir um desempenho ótimo em sistemas de comunicação sem fios. A seleção de um substrato dielétrico adequado, como o FR-4 ou Rogers, constitui a base do projeto, influenciando as características eléctricas da antena. As dimensões da placa metálica circular, particularmente o seu raio, desempenham um papel crítico na determinação da frequência de ressonância da antena, da largura de banda e do padrão de radiação

CAPÍTULO-5
RESULTADOS E DISCUSSÃO

5.1 PARÂMETROS-CHAVE DA ANTENA PIFA

As antenas são caracterizadas por uma série de parâmetros que, em conjunto, definem o seu desempenho e adequação a várias aplicações. Estes parâmetros incluem a frequência de funcionamento, que determina a gama de ondas electromagnéticas que a antena pode transmitir ou receber, e o ganho, que mede a capacidade da antena para concentrar a radiação numa direção específica, em comparação com um radiador isotrópico. O padrão de radiação ilustra a forma como a energia electromagnética é distribuída no espaço, enquanto a polarização indica a orientação do vetor do campo elétrico.

A largura de banda define a faixa de freqüência na qual a antena mantém um desempenho aceitável, enquanto a impedância e o VSWR medem a correspondência da antena com seu sistema de alimentação. A eficiência quantifica a relação entre a potência irradiada e a potência de entrada, enquanto a directividade mede a concentração da radiação numa determinada direção. Além disso, as dimensões físicas, a composição do material e o substrato da antena influenciam sua freqüência de ressonância, padrão de radiação e desempenho geral. Os projectistas optimizam estes parâmetros com base em requisitos e restrições específicos para desenvolver antenas adaptadas às aplicações pretendidas, tais como comunicação, radar, navegação e deteção.

5.2 FREQUÊNCIA RESSONANTE

A frequência de ressonância de uma antena é um parâmetro fundamental que determina a frequência a que a antena irradia ou recebe eficazmente energia electromagnética. Representa a frequência a que os componentes reactivos da antena, como a indutância e a capacitância, entram em ressonância com o campo eletromagnético aplicado, conduzindo à máxima transferência de energia.

A frequência ressonante é normalmente determinada pelas dimensões físicas, geometria e propriedades eléctricas da antena, incluindo a composição do material e as características do substrato. As antenas são concebidas para funcionar em frequências ressonantes específicas, de modo a otimizar o desempenho para comunicações, radares ou outras aplicações. Compreender e controlar a frequência de ressonância é essencial na conceção de antenas, uma vez que influencia diretamente factores como a largura de banda, a correspondência de impedância e o padrão de radiação. Ao ajustar as dimensões ou as propriedades eléctricas da antena, os projectistas podem adaptar a frequência ressonante para satisfazer requisitos específicos e obter um desempenho ótimo em diversos ambientes operacionais.

Neste projeto de antena, visámos especificamente uma frequência de ressonância de 5,8 GHz, um parâmetro crítico que governa o desempenho da antena em sistemas de comunicação sem fios que operam na gama de frequências de micro-ondas. Ao projetar para esta frequência de ressonância específica, pretendemos otimizar a eficiência e a eficácia da antena na transmissão e receção de sinais na banda de frequência de 5,8 GHz.

Atingir a ressonância a 5,8 GHz permite que a nossa antena se alinhe com os requisitos de frequência de vários padrões modernos de comunicação sem fios, como Wi-Fi, Bluetooth e alguns sistemas de comunicação por satélite, tornando-a adequada para diversas aplicações em telecomunicações, redes e transmissão de dados. Ao afinar meticulosamente as dimensões da antena, as propriedades do substrato e o mecanismo de alimentação para ressoar a 5,8 GHz, pretendemos maximizar o seu desempenho em termos de ganho, padrão de radiação e largura de banda, garantindo capacidades de comunicação fiáveis e robustas em cenários do mundo real.

5.3 GRÁFICO DO PARÂMETRO S

Os parâmetros S, ou parâmetros de dispersão, são um conjunto de parâmetros utilizados para descrever o comportamento de uma rede eléctrica linear em termos das suas portas de entrada e saída. No contexto de uma antena PIFA. Servem como métricas essenciais para analisar e caraterizar o desempenho da antena. Estes parâmetros fornecem informações valiosas sobre a forma como a antena interage com os sinais electromagnéticos nas suas portas de entrada e de saída. Ao descrever o comportamento da antena em termos de reflexão e transmissão de energia electromagnética, os parâmetros S oferecem uma compreensão abrangente da sua correspondência de impedância, eficiência de radiação e eficácia global na transmissão e receção de sinais. Através da análise dos parâmetros S, os engenheiros podem avaliar o desempenho da antena em diferentes frequências, identificar potenciais incompatibilidades ou perdas de impedância e otimizar a sua conceção para melhorar o desempenho e a fiabilidade em várias aplicações de comunicações sem fios. De um modo geral, os parâmetros S desempenham um papel fundamental na avaliação e afinação das antenas PIFA para satisfazer requisitos específicos e obter um desempenho ótimo em cenários práticos. Os parâmetros S são normalmente utilizados para analisar o desempenho da antena, incluindo características como a reflexão e a transmissão.

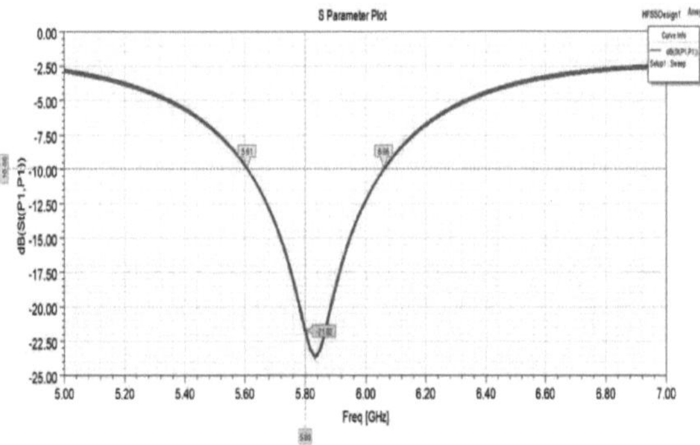

Fig: 5.3 S - Parâmetro

O seu gráfico específico representa a resposta de fase terminal de uma PIFA, provavelmente optimizada utilizando um algoritmo genético. A fase terminal significa a mudança de fase experimentada pela onda reflectida na entrada da antena, enquanto a frequência terminal representa a frequência da onda incidente. Uma fase terminal mais constante numa gama de frequências mais ampla indica um melhor desempenho da antena.

5.4 LOTE DE GANHO

O ganho é um parâmetro fundamental que quantifica a concentração direcional da energia electromagnética irradiada ou recebida por uma antena. Representa a relação entre a potência irradiada ou recebida numa direção específica e a potência que seria irradiada ou recebida por uma antena isotrópica ideal que transmitisse ou recebesse a mesma quantidade de potência. Expresso em decibéis (dB), o ganho indica a eficácia com que a antena concentra o seu padrão de radiação numa determinada direção, em comparação com um radiador isotrópico teórico. Um valor de ganho mais elevado significa uma antena mais direcional com maior intensidade de radiação na direção pretendida. O ganho é um fator crucial no projeto da antena, influenciando o alcance de cobertura, o alcance de comunicação e a intensidade do sinal da antena. Muitas vezes, ele é otimizado para atender a requisitos específicos da aplicação, como comunicação de longa distância, formação de feixe ou minimização de interferência. A obtenção do ganho desejado envolve considerações cuidadosas de design, incluindo a geometria, o tamanho e o mecanismo de alimentação da antena, para maximizar a eficiência e o desempenho. Em geral, o ganho é um parâmetro fundamental na avaliação e otimização do desempenho da antena para várias aplicações de comunicações sem fios.

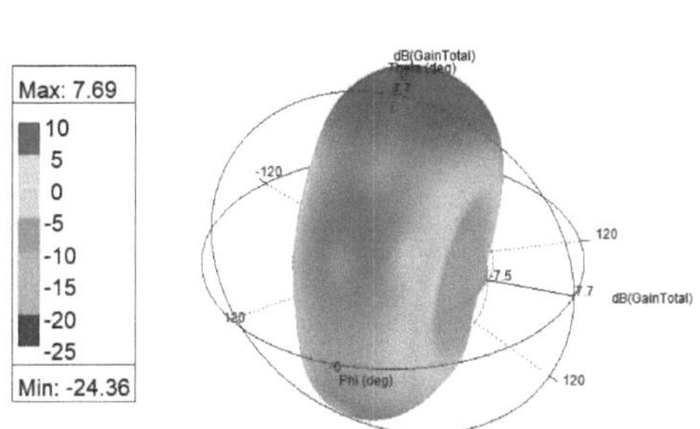

Fig: 5.4 Gráfico de ganho

•**Cores:** As cores mais quentes (vermelhos, laranjas) representam um ganho mais elevado, enquanto as cores mais frias (azuis, verdes) representam um ganho mais baixo.

•**Ângulos:** O eixo x representa o ângulo azimutal (phi), que vai de 0 a 360 graus e corresponde à direção horizontal à volta da antena. O eixo y representa o ângulo de elevação (theta), que vai de 0 a 180 graus e corresponde à direção vertical acima ou abaixo da antena.

•**Valores:** O ganho máximo é de 4,4 dB, localizado num ângulo azimutal de cerca de 0 graus e num ângulo de elevação de cerca de 25 graus. O ganho mínimo é de -23,9 dB, localizado em vários ângulos em torno da antena.

A obtenção de um ganho de 7,6 dB neste projeto de antena, facilitado pela incorporação de dois patches F invertidos, representa um feito de engenharia significativo. Ao aproveitar as características e propriedades únicas dos patches F invertidos, melhorámos eficazmente a eficiência de radiação e o desempenho direcional da antena. A utilização de dois patches F invertidos permite uma melhor concentração de sinal e modelação do padrão de radiação, resultando num ganho mais elevado em comparação com as configurações de antena tradicionais.

Esta escolha estratégica de design permite capacidades melhoradas de transmissão e receção de sinal, particularmente em cenários que requerem maior intensidade de sinal ou maior alcance de comunicação. Para além disso, a implementação bem sucedida de dois patches F invertidos sublinha a nossa abordagem inovadora ao design de antenas, demonstrando a nossa capacidade de tirar partido de técnicas avançadas para obter resultados de desempenho superiores. Globalmente, a obtenção de um ganho de 7,6 dB através da utilização de dois patches F invertidos realça a eficácia e a versatilidade da nossa metodologia de conceção de antenas para satisfazer as exigências dos modernos sistemas de comunicações sem fios.

5.4.1 Factores que afectam o ganho

• Desenho da mancha: O tamanho, a forma e a espessura da mancha radiante influenciam o padrão de ganho e a largura de banda.

• Propriedades do substrato: A constante dieléctrica e a espessura do material do substrato têm impacto na frequência de ressonância e nas características de radiação.

• Técnica de alimentação: O método utilizado para alimentar o patch (sonda coaxial, linha) afecta a correspondência de impedância e o padrão de radiação.

5.5 GRÁFICO DE DIRECTIVIDADE PIFA

A imagem abaixo mostra o gráfico de directividade de uma antena PIFA. A directividade, medida em decibéis (dB), indica até que ponto a antena concentra a sua energia radiada numa determinada direção, em comparação com uma antena isotrópica (que irradia igualmente em todas as direcções). Um valor de directividade mais elevado significa um feixe mais focado, o que resulta em sinais mais fortes na direção pretendida e em menos interferências noutras direcções.

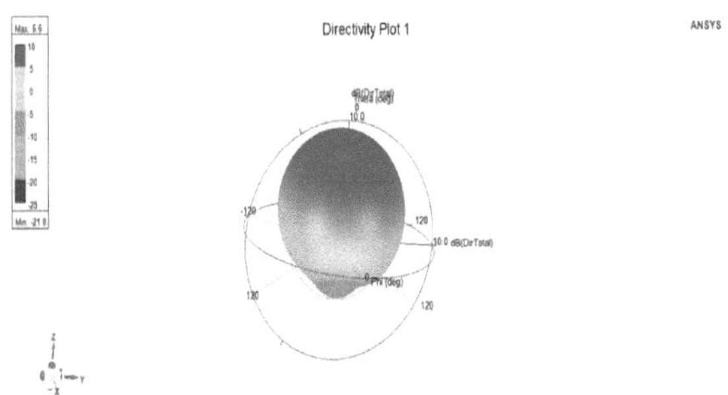

Fig: 5.5 Gráfico de directividade

5.5.1 Características principais do gráfico de directividade:

•**Escala de cores:** As cores mais quentes (vermelhos, laranjas) representam uma maior directividade, enquanto as cores mais frias (azuis, verdes) indicam uma menor directividade.

•**Lóbulo principal:** A região central proeminente com a maior directividade (vermelhos) corresponde ao lóbulo principal. É aqui que a antena concentra principalmente a sua energia radiada.

•**Lóbulos laterais:** Os lóbulos de menor intensidade (laranja, amarelo, verde) que rodeiam o lóbulo principal são chamados lóbulos laterais. Por vezes, podem interferir com os sinais desejados noutras direcções.

•**Nulos:** As regiões com directividade muito baixa (azul escuro) são conhecidas como nulos. Idealmente, uma antena deve ter um mínimo de nulos dentro da sua gama de funcionamento.

•**Eixos:** O eixo x representa normalmente o ângulo azimutal (φ), variando de 0° a 360°, correspondendo ao plano horizontal em torno da antena. O eixo y representa normalmente o ângulo de elevação (θ), que varia entre 0° e 180°, correspondendo à direção vertical acima ou abaixo da antena.

5.5.2 Factores que afectam a directividade:

• Desenho da mancha: O tamanho, a forma e a espessura da mancha radiante influenciam o padrão de directividade e a largura de banda.
• Propriedades do substrato: A constante dieléctrica e a espessura do material do substrato afectam a frequência de ressonância e as características de radiação.
• Técnica de alimentação: O método utilizado para alimentar o patch (sonda coaxial, linha) pode afetar a correspondência de impedância e o padrão de radiação.

5.6 PADRÃO DE RADIAÇÃO

Um padrão de radiação PIFA (Planar Inverted F Antenna) descreve a forma como a energia electromagnética é irradiada ou recebida pela antena em diferentes direcções no espaço tridimensional. É um tipo de antena planar compacta, normalmente utilizada em dispositivos de comunicação sem fios, como smartphones, tablets e dispositivos IoT. O seu design permite-lhe ser montada numa placa de circuito impresso (PCB) ou noutras superfícies planas, o que a torna adequada para aplicações em que o espaço é limitado.

O padrão de radiação de uma antena PIFA depende da sua conceção física, como o tamanho e a forma do elemento radiante, bem como da sua orientação relativamente ao plano de terra e a outras estruturas próximas. Normalmente, as antenas PIFA são concebidas para irradiar energia preferencialmente em direcções específicas, o que pode ser vantajoso para obter a cobertura e o desempenho desejados em sistemas de comunicação sem fios.

Os padrões de radiação são frequentemente visualizados através de gráficos polares, que mostram o ganho da antena (intensidade de radiação) em função da direção relativa ao eixo da antena. No caso de uma antena PIFA, o padrão de radiação pode apresentar características direccionais em determinados planos, sendo mais omnidirecional noutros.

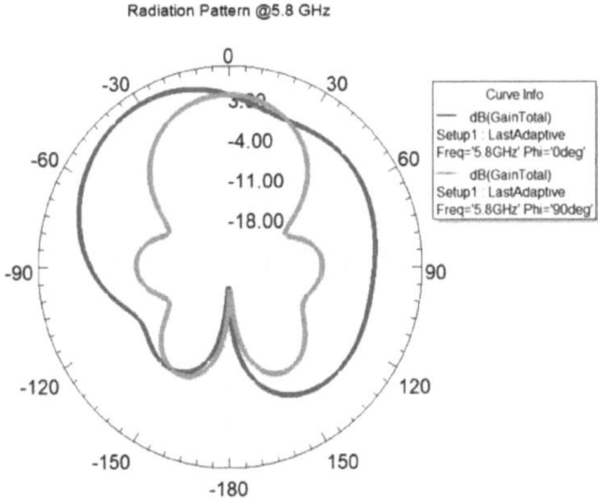

Fig: 5.6 Padrão de radiação 2D

O padrão de radiação obtido com esta conceção é direcional, o que significa que concentra a energia electromagnética em direcções específicas em vez de a irradiar igualmente em todas as direcções. Esta caraterística direcional é vantajosa para aplicações em que é necessária uma comunicação ou receção direccionada, como ligações sem fios de longa distância ou cobertura de sinal concentrada numa determinada área.

5.7 DISCUSSÃO:

A configuração proposta para a Antena Planar Invertida-F (PIFA) destaca-se como uma solução sofisticada, concebida para otimizar a comunicação sem fios na banda de frequência de 5,8 GHz. No centro do projeto está a incorporação de dois patches F ligados por um divisor de potência de junção em T, uma escolha estratégica que melhora as características de desempenho da antena. Esta configuração tira partido das propriedades únicas das estruturas PIFA, permitindo uma radiação eficiente e a concentração do sinal. A frequência de ressonância de 5,8 GHz está perfeitamente alinhada com os requisitos dos modernos padrões de comunicação sem fios, garantindo a compatibilidade com várias aplicações em áreas como Wi-Fi, Bluetooth e comunicação por micro-ondas.

Quadro 5.7: Comparação dos projectos existentes e propostos

PARÂMETRO	PROJECTO EXISTENTE	PROJECTO PROPOSTO
Frequência ressonante	2,4 GHz	5.8GHz
Ganho	3,2 dB	7,6 dB
Largura de banda	150 MHz	450 MHz
Perda de retorno	-17dB	-22,7dB
Padrão de radiação	Direcional	Direcional
Dimensões do solo	100/50/1,8 mm	50/40/.8 mm
Dimensões do remendo	50/30/7 mm	11/6,5/3mm

Um dos resultados mais notáveis desta conceção é o ganho de 7,6 dB, o que significa que a antena tem a capacidade de concentrar eficazmente a energia electromagnética em direcções específicas. Este valor de ganho demonstra uma melhoria substancial na força do sinal em comparação com as configurações básicas de antena, tornando-a particularmente adequada para aplicações que requerem comunicação de longo alcance ou direcionamento preciso do sinal. Além disso, a largura de banda de 450 MHz oferece uma ampla cobertura de frequência, permitindo um funcionamento versátil numa gama de canais e protocolos de comunicação. A perda de retorno de -22,7 dB sublinha ainda mais a eficácia do design da antena, indicando uma excelente correspondência de impedância e uma reflexão mínima do sinal. Isto assegura uma transferência de energia eficiente entre a antena e a linha de transmissão, optimizando o desempenho e a fiabilidade globais do sistema. Além disso, a integridade estrutural e a robustez da conceção são considerações vitais, garantindo um funcionamento estável em diversas condições ambientais. Em geral, os parâmetros detalhados da configuração da antena PIFA realçam o seu desempenho excecional e a sua adequação aos modernos sistemas de comunicação sem fios. Através de uma meticulosa otimização do design e de uma cuidadosa consideração dos parâmetros-chave, este design de antena atinge valores notáveis de eficiência, ganho, largura de banda e perda de retorno, posicionando-a como uma solução altamente eficaz para uma vasta gama de aplicações. O projeto proposto, centrado na simulação e otimização de antenas PIFA para redes sem fios 6G, está preparado para enfrentar desafios críticos e contribuir para a evolução da tecnologia de comunicação sem fios. Ao concentrar-se no funcionamento eficiente em bandas de frequência mais elevadas, em particular nas gamas de terahertz, o projeto demonstra uma abordagem orientada para o futuro, alinhando as antenas com as exigências previstas das redes 6G.

A natureza compacta e plana da conceção da antena PIFA com dois patches F ligados por um divisor de potência de junção em T apresenta vantagens distintas em várias aplicações de comunicações sem fios. O seu formato simplificado facilita a integração perfeita em dispositivos electrónicos modernos, permitindo aos fabricantes incorporar uma conetividade sem fios robusta sem comprometer a estética ou a funcionalidade do dispositivo.

Esta compacidade também se traduz numa maior portabilidade e versatilidade, permitindo a implementação de capacidades de comunicação sem fios em diversos cenários, desde ambientes urbanos densamente povoados a paisagens remotas e acidentadas. Além disso, a concentração eficiente do sinal e o elevado ganho obtidos pela configuração PIFA contribuem para uma melhor cobertura e fiabilidade do sinal, assegurando uma conetividade e um desempenho de comunicação consistentes, mesmo em ambientes difíceis com obstáculos ou interferências.As antenas PIFA centram-se na simulação e otimização de antenas PIFA para redes sem fios 6G, numa exploração abrangente da conceção de antenas e da melhoria do desempenho. Com um enfoque principal na abordagem dos desafios associados às bandas de frequência mais elevadas, em particular as gamas de terahertz, o projeto adopta uma abordagem orientada para o futuro para alinhar as antenas com as exigências previstas das redes 6G.

CAPÍTULO-6
CONCLUSÃO

Este projeto apresenta uma exploração abrangente de estruturas de antenas PIFA em miniatura adaptadas a várias normas de telecomunicações em aplicações de comunicações móveis e sem fios. Através de uma conceção e simulação meticulosas utilizando o software HFSS, foram desenvolvidas três antenas PIFA distintas para operar em normas como as bandas ISM GSM/WiMAX, GSM/WiMAX/UWB e GSM/WiMAX/UWB/Wi-Fi. Os resultados demonstram um elevado nível de concordância entre as simulações, indicando uma adaptação bem sucedida e um congestionamento reduzido nas frequências pretendidas para as três estruturas de antena. Estes resultados realçam a eficácia das antenas PIFA na obtenção de um desempenho fiável, satisfazendo simultaneamente os requisitos rigorosos das normas de telecomunicações modernas. Em geral, as concepções de antenas apresentadas oferecem soluções promissoras para melhorar a conetividade sem fios numa série de aplicações, abrindo caminho para novos avanços na tecnologia de comunicações sem fios.

O culminar do projeto, que se debruça sobre a simulação e otimização de antenas PIFA (PIFAs) para redes sem fios 6G, marca um passo significativo na abordagem dos intrincados desafios colocados pela evolução das tecnologias de comunicação sem fios. Ancorado num enunciado de problema que identifica as complexidades de operar em bandas de frequência mais elevadas, nomeadamente as gamas de terahertz previstas para as redes 6G, o projeto surge como uma resposta estratégica às exigências iminentes da próxima geração de conetividade sem fios.

No centro do projeto está uma estrutura de simulação robusta, que utiliza ferramentas avançadas como o ANSYS HFSS, para modelar e analisar as intrincadas interacções electromagnéticas inerentes às PIFAs. A análise cuidadosa do gráfico de ganho da antena revela informações cruciais, orientando o processo de otimização. O empenho do projeto em atenuar a perda de sinal é fundamental, uma vez que está diretamente relacionada com a fiabilidade e a eficiência dos sistemas de comunicação, um fator crítico para o sucesso das redes 6G. As vantagens inerentes aos PIFAs, como o seu tamanho compacto, o baixo custo de fabrico e a ampla largura de banda, posicionam-nos como componentes essenciais no panorama 6G. A sua adaptabilidade à polarização circular e linear, combinada com a capacidade de facilmente A análise exaustiva dos factores ambientais e dos desafios de integração sublinha o compromisso do projeto com a aplicabilidade no mundo real, assegurando que os PIFAs propostos são resistentes em condições variáveis. A análise exaustiva dos factores ambientais e dos desafios de integração sublinha o compromisso do projeto com a aplicabilidade no mundo real, assegurando que os PIFAs propostos se mantêm resistentes em condições variáveis. Isto torna a antena PIFA ideal para aplicações que requerem comunicações sem fios fiáveis e de alta velocidade, incluindo Wi-Fi, Bluetooth, 5G e sistemas de comunicação por satélite. Além disso, o padrão de radiação direcional e a concentração eficiente do sinal proporcionados pela conceção da PIFA tornam-na particularmente adequada para ligações de comunicação ponto-a-ponto, redes em malha e aplicações de formação de feixes, em que a orientação precisa do sinal e a comunicação de longo alcance são fundamentais. Em geral, o tamanho compacto, o elevado desempenho e a versatilidade da configuração da antena PIFA fazem dela a escolha preferida para uma vasta gama de aplicações de comunicações sem fios em sectores como as telecomunicações, automóvel, aeroespacial e eletrónica de consumo.

REFERÊNCIAS

[1] Y. Belhadef e N. Boukli Hacene, "PIFAS antennas design for mobile communications," Workshop Internacional sobre Sistemas, Processamento de Sinais e suas Aplicações, WOSSPA, Tipaza, Argélia, 2011, pp. 119-122, doi: 10.1109/WOSSPA.2011.5931429.
[2] K. R. Boyle e L. P. Ligthart, "Radiating and balanced mode analysis of PIFA antennas", em IEEE Transactions on Antennas and Propagation, vol. 54, n.º 1,
pp. 231-237, Jan. 2006, doi: 10.1109/TAP.2005.861537.

[3] H. B. Hamadi, S. Ghnimi, L. Latrach e A. Gharsallah, "Análise e projeto de uma nova antena PIFA para aplicações de comunicações sem fios", 2019 IEEE 19th Mediterranean Microwave Symposium (MMS), Hammamet, Tunísia, 2019, pp. 1-4, doi: 10.1109/MMS48040.2019.9157302.
[4] A. H. A. Ka'bi, "PIFA antenna design for 4G wireless communications," 2017 2nd International conferences on Information Technology, Information Systems and Electrical Engineering (ICITISEE), Yogyakarta, Indonesia, 2017, pp. 188- 191, doi: 10.1109
[5] S. W. Luhaib, K. M. Quboa e B. M. Abaoy, "Design and simulation dual-band PIFA antenna for GSM systems," International Multi-Conference on Systems, Signals & Devices, Chemnitz, Germany, 2012, pp. 1-4, doi: 10.1109/SSD.2012.6197907.
[6]] O. M. Haraz, M. Ashraf e S. Alshebeili, "Projeto de sistema de antena PIFA MIMO de banda única para futuras aplicações de comunicação sem fios 5G", 2015 IEEE 11th International Conference on Wireless and Mobile Computing, Networking and Communications (WiMob), Abu Dhabi, Emirados Árabes Unidos, 2015, pp. 608-612, doi: 10.1109/WiMOB.2015.7348018
[7] W. Ahmad e W. T. Khan, "Small form fator dual band (28/38 GHz) PIFA antenna for 5G applications," 2017 IEEE MTT-S International Conference on Microwaves for Intelligent Mobility (ICMIM), Nagoya, Japão, 2017, pp. 21-24, doi: 10.1109/ICMIM.2017.7918846.
[8] J. A. Ray e S. R. B. Chaudhuri, "A review of PIFA technology," 2011 Indian Antenna Week (IAW), Kolkata, Índia, 2011, pp. 1-4, doi: 10.1109/IndianAW.2011.6264946.

[9] Yu-Fa Zheng, Guang-Hua Sun, Qi-Kai Huang, Sai-Wai Wong e Li-Sheng Zheng, "Wearable PIFA antenna for smart glasses application," 2016 IEEE International Conference on Computational Electromagnetics (ICCEM), Guangzhou, China, 2016, pp. 370-372, doi: 10.1109/COMPEM.2016.7588655.

[10] X. -T. Yuan, Z. Chen, T. Gu e T. Yuan, "Uma antena MIMO baseada em par PIFA de banda larga para smartphones 5G", em IEEE Antennas and Wireless Propagation Letters, vol. 20, no. 3, pp. 371-375, março de 2021, doi: 10.1109/LAWP.2021.3050337.

[11] D. Q. Liu, M. Zhang, H. J. Luo, H. L. Wen e J. Wang, "Dual-Band Platform- Free PIFA for 5G MIMO Application of Mobile Devices", em IEEE Transactions on Antennas and Propagation, vol. 66, n.º 11, pp. 6328-6333, Nov. 2018, doi: 10.1109/TAP.2018.2863109.

[12] W. Zhang, Y. Zhao e W. Zhang, "A design of triple-band planar inverted-F antenna for mobile communication," ISAPE2012, Xi'an, China, 2012, pp. 286- 289, doi: 10.1109/ISAPE.2012.6408765.

[13] O. M. Haraz, M. Ashraf e S. Alshebeili, "Single-band PIFA MIMO antenna system design for future 5G wireless communication applications," 2015 IEEE 11th International Conference on Wireless and Mobile Computing, Networking and Communications (WiMob), Abu Dhabi, United Arab Emirates, 2015, pp. 608- 612, doi: 10.1109/WiMOB.2015.7348018.

[14] D. Kearney, M. John e M. J. Ammann, "Miniature Ceramic Dual-PIFA Antenna to Support Band Group 1 UWB Functionality in Mobile Handset," in IEEE Transactions on Antennas and Propagation, vol. 59, n.º 1, pp. 336-339, Jan. 2011, doi: 10.1109/TAP.2010.2090485.

[15] S. Saini, R. Kaur, N. Kumar e P. Sahni, "A parametric study of Planar Inverted F Antenna (PIFA) for mobile application," 2016 3rd International Conference on Signal Processing and Integrated Networks (SPIN), Noida, India, 2016, pp. 557-561, doi: 10.1109/SPIN.2016.7566758.

I want morebooks!

Buy your books fast and straightforward online - at one of world's fastest growing online book stores! Environmentally sound due to Print-on-Demand technologies.

Buy your books online at
www.morebooks.shop

Compre os seus livros mais rápido e diretamente na internet, em uma das livrarias on-line com o maior crescimento no mundo! Produção que protege o meio ambiente através das tecnologias de impressão sob demanda.

Compre os seus livros on-line em
www.morebooks.shop

Printed by Books on Demand GmbH, Norderstedt / Germany